これだけは知ってほしい

生き物の科学と環境の科学

河内俊英 著

共立出版

まえがき

21 世紀は環境の時代と言われるが，それは，これまで人類が進歩と発展を考え追求してきた快適で豊かな生活を，環境の面から見直すことが必要であることを含んでいると言える．これまでの私たちの豊かな生活は，膨大なエネルギーと資源の消費によってもたらされてきたものであり，その結果として酸性雨やオゾン層の破壊，さらに，地球温暖化，海洋汚染，行き場のない廃棄物の山，等々の問題を前にして，「地球環境は人類だけのものなのか」と考える時期に来ているのでないだろうか（第 7 章・8 章）．

地球環境の汚染の中心は，合成化学物質や廃棄物も含む有害物質であり，さらにこれまでは問題にされなかったような低いレベルの汚染で動物たちの行動や生殖系に異変を起こす内分泌撹乱物質（環境ホルモン）や，科学物質過敏症を起こす大気汚染物質が地球全体に広がっている（第 8 章）．しかし，このような現実に背をむけて，根本的，本質的な解決を考えず，相変わらず対処療法的に，その場限りの対応で切り抜けていこうとする風潮が主流のように思える．このままでは，21 世紀の宇宙船地球号の乗員である私たちが，「自分自身の絶滅を見届けることになるかもしれない危機的な状況を感じながら，それを防ぐだけの知性を持っていなかった」と歴史に刻まれることになるであろう．

産業革命以降の私たちは地球生態系が数十億年かけて蓄えてきた太陽エネルギーの蓄積物である石炭や石油を，「工業化社会・近代化・進歩と発展の時代」などの言葉を御旗に，数百年のわずかな時間で枯渇させようとしている（第 9 章）．

私たちの現世代の人間の生活スタイルを継続することは，環境に対して，悲惨な公害を起こした企業のように「私たちの世代は加害者であり，未来の世代は被害者」という構図をつくっている．その被害者は私たちの孫やその子ども段階の未来世代なのである．

環境や資源，生態系や生物種などの未来世代の利害に直接かかわるものについては，「現世代の人間は，自分の現在の生活が多少不便になっても，保護・保存する義務がある」ことを認識しなくてはならない（第3章・4章）．すべてのことを「人間の役に立つかどうか」「経済的にプラスかマイナスか」などというモノサシで測ることは「現世代人のエゴイズムである」ということを世の中の常識にする必要がある．

著者は，大学で若い世代の学生に講義をしながら，地球環境と生物に関する諸問題について正確に知ってもらい，問題の原因と対策を一緒に考え，模索しながら，近未来の生き方を決めて欲しいと願っている．環境問題の解決には，単に生態系の中の大気，水，土壌中の物質の量とその変動を調べ，問題点を理解しただけでは解答にならない．吸収した知識を基に行動する必要があるということである．

その行動と生き方の決定には，自然科学的な情報だけで決断することは無理と考えることから，著者の持つ社会的・経済的な情報の中で判断材料になりそうな考え方も述べている．場合によっては，我田引水的とお叱りを受ける内容もあるとも思うが，そこは自ら軌道修正していただきたいし，ご教示いただきたい．ただ，環境問題は学問的に原因と結果が明らかになった段階で修復しようとしてもは手遅れになる部分（例えば，破壊された森林を復元しようとしても50年，100年の歳月がかかる）があり，多少過剰でも予防的な行動をとらざるを得ない部分のあることも事実と考える．現世代と未来世代の橋渡しになる若者は，「私たちは大人の起こした環境問題と借金を尻拭いするために生まれたのではない」と言うであろう．例えば，適切ではないかもしれないが，第二次大戦において日本が，アジア諸国に多大な犠牲と迷惑をかけた私たちの親や祖父母の世代の負債について，50年以上経過した現在も近隣諸国から問われ，罪のつぐないを求められているのと似た状況に思える．

本書では，通常の「生物学・生態学・環境学」の範囲を超えて広く・浅く扱っており，専門分野からすると，物足りない内容になっている点があると思うが，理系・文系を問わず入門的知識をまず学んでライフスタイルを見直すきっかけにして欲しいという観点からまとめた．また現在，高校では，理系では生物学をほとんど学ばず，文系では物理・化学の基礎を学んでいない人が多くなっている．そこで本書では数式や化学構造式での表現は最小限にして，専門を問わず一般の方々でも抵抗なく理解できるように心掛けたつもりである．

本書では，「環境問題がこのような危険な問題を起こしている」と提起するだけでなく，解決策の糸口もできる限り模索して述べたつもりである．ただ，これらのことは科学の進歩とともに変化していくものであり，それらに伴って本書も改訂していく必要があろうし，さらにここに述べた解決策に対してもっと良い方法があれば教えていただきたいと願っている．

はじめて一人暮らしを始める学生や社会人一年生には，住宅探しの段階で読んで欲しい内容（第9章　暮らしと環境）もあるし，食生活と健康にも触れているので参考にして欲しい．現在は，自らの知識を基にして，「自分の身は自分で守る」ことを念頭に予防的に自己責任で行動し生活していくことが必要な時代ではないだろうか．

最後に，本書の出版にあたって企画から編集まで，共立出版㈱編集部の斉藤英明氏には大変お世話になった．また，本書の原稿段階で文章を読んでアドバイスをいただいた友人で元・山梨総合農業試験場長の関　宏夫博士にお礼を申し上げる．

2003年2月14日

久留米大学医学部　河内　俊英

もくじ

第1章　個体群生態学

第2章　生物圏と生態系

第3章　生物多様性

第4章　森林と生態系

第5章　動物の行動

第6章　遺伝と遺伝子

第7章 地球環境問題

第8章 地球環境と汚染物質

第9章 暮らしと環境

第1章

個体群生態学

生態学（ecology）は，生態学辞典（沼田編，1974）[1]によると，「生物の生計学，生活学，生物どうし，生物と環境の関係生理学として生物分布学とともにHaeckel（1866）によって生物学の一分科として位置づけられた．対象とする生物によって植物生態学・動物生態学・微生物生態学など，また方法によって統計生態学・生理生態学・動的生態学・生産生態学・生態系生態学など，さらにレベルによって種生態学・個体群生態学・群集生態学などに分けられる」とされている．また，エルトン（C. S. Elton, 1927）[2]は，「生態学は生物の社会学であり，経済学である」と言っている．

1.1 個体群の生態学

個体群とは動物の1匹1匹は個体であるが，限られた空間に棲み，多少でもまとまりを持っている同種生物の個体の集まり（集団）を**個体群**（population）という．生態学では，一般にある適当に決めた地域の中に生息している動物のことを個体群として扱い，必ずしも「群れ」として認知できないことも少なくない．単位面積当たりに生息している動物の個体数を**個体群密度**（population density）と言い，個体数の調査などの単位とする．

1.1.1 個体数の増殖と変動

A．個体数の増殖

両性生殖をする動物では，一匹の雌当たりの産卵（子）数が増殖率の重要な要素である．産卵（子）数は動物の種類によって1桁から1億と非常に大きな変異がある．おおざっぱな傾向としては，海産の無脊椎・脊椎動物が最も多産であり，次いで淡水性の動物が多産で，陸生の動物は比較的少産である．

産卵数の多い動物の増殖率が必ずしも高いわけではない．マンボウは，1回の繁殖で1億以上も産卵することが知られているが，海の中での個体数は多い種とはいえないし，1回に1人しか産まないヒトが，地球上で人口大爆発を起こし増殖を続けている．個体数は産卵（子）数に比例して優勢になり，個体数が多くなるわけではないことが普通である．伊藤嘉昭[3]は「親による子の養育ないし保護の進化という観点からみると，動物の産卵数は親による養育（保護）の程度に反比例している」としている．

B．個体数の変動

ある地域の動物の個体数は死亡したり，新たに出生したりして常に**変動**（fluctuation）している．これらの変動要因に加えて他の地域から入ってくる**移入**（immigration）や，他の地域へ出ていく**移出**（emigration）があり，さらに複雑に変動している．個体数が変動する要因としては死亡，出生，移入，移出の4つが上げられ，個体数の増減は**出生率**，**死亡率**，**移出入率**などで決まる．しかし，これらの要因が複雑にからみあっていて，個体数の予測はそれほど簡単ではない．

C．個体群成長

一定の場所において，時間の経過に伴って動物の個体数が増加する現象を**個体群成長**という．動物の個体群は，食べ物，水分，生活空間など生活資源の制限がなく，温湿度や大気などの無機的環境条件が最適で，他生物の影響もない理想的な条件下では，急速に増殖していく．この条件下で移出や移入がない場合，個体数はネズミ算式（指数関数的あるいは幾何級数的）に増加する．しかし，動物には寿命があり，やがては死亡することから，その分だけ個体群の増加は減少することになる．ただ理想的な条件下では常に出生数が死亡数を上回ることから，全体の個体数が減少することはない．

ある動物の個体群の個体数を N とし，時間 t の間の個体数の増加を $\mathrm{d}N/\mathrm{d}t$ とする．単位時間当たりの動物の増加率（r）は，出生率（b）から死亡率（δ）を差し引くことで示すことができる．すなわち，$r=b-\delta$ であり

$$\mathrm{d}N/\mathrm{d}t = bN - \delta N = (b-\delta)N = rN \tag{1.1}$$

と表すことができる．

また，ある時間 t における個体数 $N(t)$ は，最初の個体数 N_0 で決まる．すなわち，

$$N(t) = N_0 e^{rt} \tag{1.2}$$

となる．

前述のような最適条件下では，時間 t における個体数 N をプロットすると指数関数的な曲線になる（図 1.1）．

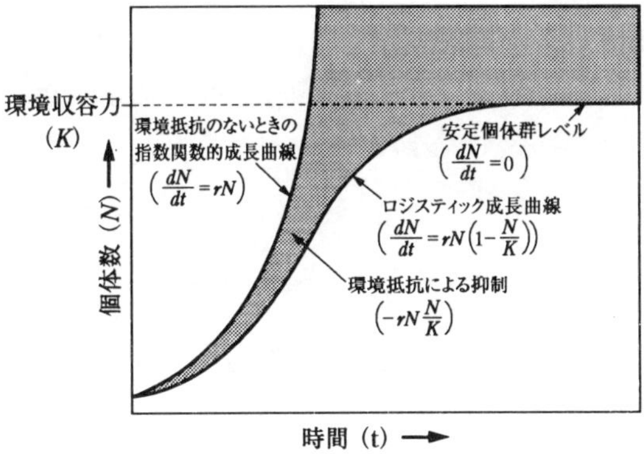

図 1.1 個体群の指数関数的成長曲線，ロジスティック成長曲線および環境抵抗（松本，1993 より）[4)]

r の値は瞬間増加率で，環境条件が安定していて一定に保たれ，個体群の齢構成が安定しているときには一定値になり，ある動物は与えられた環境条件下でのその種のとりうる最大の増加率を示す．このような値を**内的自然増加率**（intrinsic rate of natural increase）といい**マルサス係数**とも呼ばれる．

この値は動物ごとにある程度決まった大きさを示すし，その種の増殖能力を示すパラメータとなっている．このような資源が十分にあり，増殖を妨げる要因のない理想的な条件下で移出入のない個体群の成長は，**マルサス的成長**と呼ばれる．イギリスの経済学者マルサス（T. R. Malthus）は「人口論」で「人口の増加は幾何級数的増加を示すが，食糧は算術級数的にしか増加しない」と述べたことが知られており，マルサスにちなんだものである．これは，生活資源の不足のない理想的条件下における個体群の成長を示すものである．しかし，自然界では，動物の個体群は，成長の過程で環境から多くの制約を受けることから，無制限に増加していくことはない．成長過程で天敵や病原菌，あるいは事故によって寿命が尽きるまでに死亡することが少なくない．また閉鎖環境では，餌や水分をはじめ生活必要資源の不足もある．また自らの排出物や老廃物による生活環境の悪化などが個体群の成長に影響する．このような，個体群の成長を制御するようにはたらく環境要因を**環境抵抗**という．

一般には，安定した食物供給があり，環境汚染が極端ではない場合，横軸に時間を，縦軸に個体数をとってグラフに描くとS字型の増加曲線を示す．このようなS字型の曲線を示す方程式として，ロジスティック式が使われる．

この式は（1.1）式の右辺に $(K-N)/K$ を掛けたものである．この $(K-N)/K$ は N が増加するとともに $\mathrm{d}N/\mathrm{d}t$ が減少するという考え方を表したものである．

$$\mathrm{d}N/\mathrm{d}t = rN \cdot (K-N)/K = rN(1-N/K) \qquad (1.3)$$

ここで K は，**飽和密度**あるいは**環境収容力**といわれ，その環境における生物が生息可能な最大個体数である．

1.1.2　ヒト個体群の成長と特殊性

ヒトとチンパンジーの祖先は共通であり，アフリカの熱帯林に生息していたと考えられている．アフリカ大陸は約800万年前に大きな大陸移動に伴う地殻変動が起きて，大陸を東西に分ける幅30〜60 km，長さ6,000 kmに及ぶ巨大な断層（裂け目，地溝帯：図1.2）ができて，生態系は物理的に隔てられ，地溝帯の東と西で気候的にも植生のうえでも大きな違いが生じた．地溝帯の西側には熱帯雨林が残り，東側は乾燥して森林が縮小し草原が広がった．

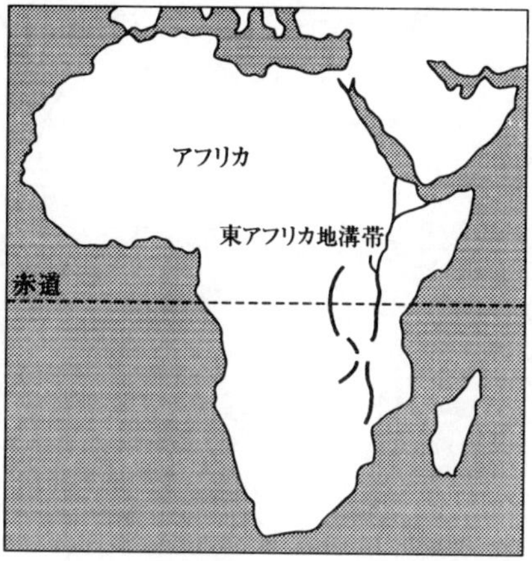

図 1.2　アフリカ大陸の地溝帯

樹上生活をしていた人間の祖先のサルは，樹上生活によって手と足の役割が分化し，直立二足歩行と手で物をつかむ機能と強い握力に適した親指の対向性が発達した．さらに視覚の面での特徴として，物を立体的に見る機能と正確に距離を測る能力が発達して枝から枝への移動を可能にしたが，視覚的能力の発達は草原での生活にも関係のあることがわかる．地溝帯の東側にいた祖先となる一部のサルは，樹上生活から草原の広がる平地での生活へと場所を移した．草原での生活はジャングルと違って見晴らしは良いが，危険もある状況に置かれ，敵と獲物を見つけるには「遠くを見晴らすことが有利であり」，立ち上がって目線を高くする方向に進化が進み，直立二足歩行をするようになった．直立二足歩行の開始によって，祖先のサルには形態的に目立つ変化が起き，脳容積が増大した．脳容積の増大の起きた理由として 2 つのことがあげられ，その一つは直立によって頭蓋骨が背骨の真上に乗るようになり，重量が増しても支えられるようになったことと，もう一つは自由になった手で，盛んに道具を扱うようになったことがある．手の機能的発達と道具の使用が脳の刺激となって，脳の発達を促したが，そのことを裏付けるように大脳半球における手の割合は図 1.3 に示すようにとても大きい．人類の祖先は，手先を起用に使うことと集団による狩猟採集生活における役割分担と獲物の分配などの必要から情報伝達が必要になったがこのことも，脳の発達と密接な関係がある．

直立によって喉頭が下がり咽頭が広がって，変化に富む音を発することが可能になり，音節の組み合わせから言葉が生まれていったと考えられている．人類の祖先と同じ頃に樹上にいたサルで，そのまま森にとどまった種は，人類に最も近いとされる類人猿のゴリラ，チンパンジー，ボノボ（ピグミーチンパンジー）である．

人類の歴史のなかで，人類の誕生についてはいまだに不明な点が多く，ヒトとサルが分岐した時期には幅があり，500～600万年前と言われている．しかし現在発見されているヒト化石は，300～450万年前のものまでであり，高校の世界史の教科書などでは400万年前に類人猿から分れたとするものが多い．ヒトの進化は，単純に猿人―原人―旧人―新人というように直線的に起こっているわけではない．図1.4のように各段階で錯綜しながら種の分化があり旧人，新人（Homo sapiens）へと進化したと考えられている．

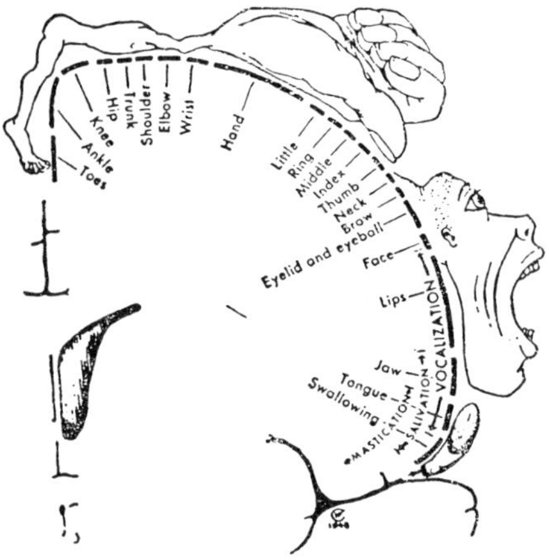

図1.3　大脳半球における各支配領域の大きさ（手，口などはそれらの支配領域の大きさに比例して描いてある，Penfild & Rasmussen, 1950．埴原，1972[5]より）

ホモ・エレクトス（ジャワ原人や北京原人はこの仲間），さらに旧人ホモ・サピエンス（ドイツで発見されたネアンデルタール人は現代人と別の系列である）を経て10～15万年前には現生人類（新人）であるホモ・サピエンスサピエンス（フランスで発見されたクロマニヨン人）へと進化していったと考えられている．現生人類は，氷河期が終了したと考えられる約1万年前までは，旧石器段階の生活をし，高度な文明の発達はなかった．この段階の人類は，火や道具の使用はあったが，完全に自然生態系の一員として生活し，他の生物や気候，土壌などの環境要因から強い制約を受けていたであろう．利用可能な食糧資源量や疾病などがまず人口増加の制限要因として働いていた．この段階では人口の増加は，他の動物と同様にたえず食物不足や疾病，寒さ，捕食者である猛獣などによって抑えられていた．

農耕・牧畜の開始は氷河期が過ぎて気候が暖かくなり，新しい自然環境に適応した1万年前くらいと考えられている．食物の確保の手段として農耕・牧畜の技術が生まれ，人類は穀物を中心に食物を貯蔵・保管できるようになって決

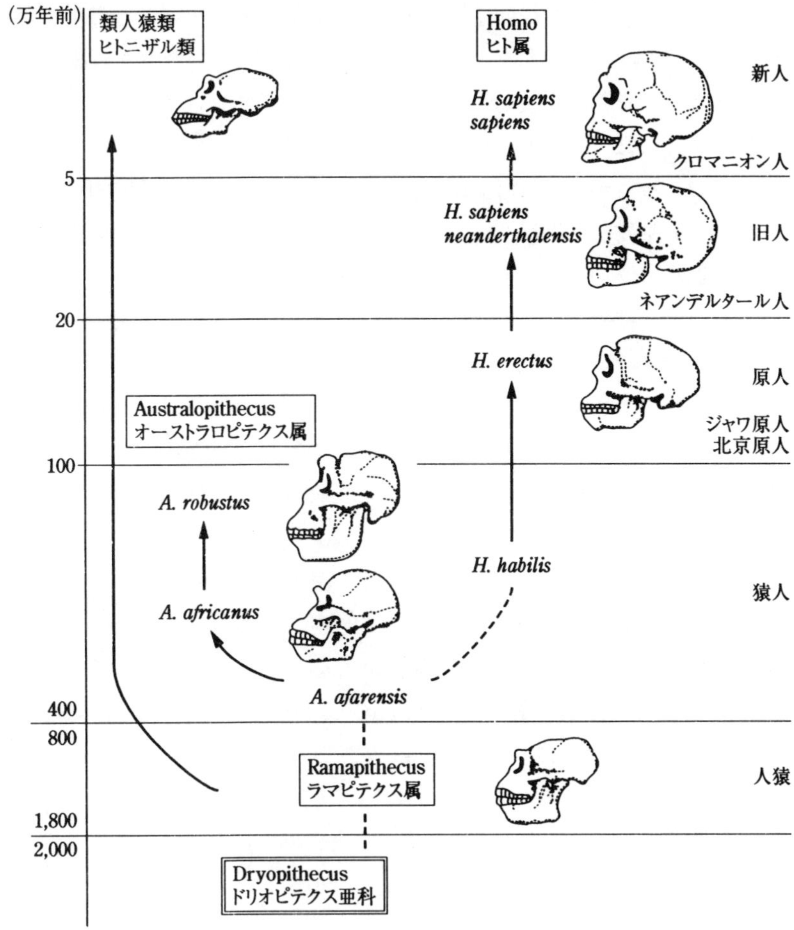

図 1.4　ヒト上科の系統概念図

定的な進歩が始まった．このことが，毎日の食物獲得に追われる生活から解放される人がでてきて，文明を築くことになったと考えられている．

ヒトは人口増加を抑える生態系からの制限要因であるところの食物の確保を技術的に取り除き，大発生できる条件を獲得した．猿人から原人へ移行するまでの百万年前には人口数十万人代と見積もられ，1万年前は1桁多い数百万人レベルの世界人口であったが，4,500 年の間だに1桁アップし，さらにこの人口が，もう1桁アップするのに 4,500 年かかったとされている．西暦1年には 2.5 億人に達している．個体数が2桁アップすれば，普通の動物なら絶滅するレベルであるが，食糧生産技術と貯蔵技術がこれを救ったと考えられる．次の人口増加の歯止めは，ペスト，コレラ，チフス，赤痢，天然痘，結核などの疾病，伝染病であったが，人口増加は持続している．このような持続的な大発生は，ヒト以外の生物には例がない．人口の増加速度は，技術の進歩に比例しており，技術進歩が停滞した中世には人口の増加も低下している．図 1.5 のように産業革命以降，技術発展が加速的に発達したこの 150 年の人口増加速度は飛躍的であり人口爆発を示している．20 世紀の人口増加をもたらした中心は，医学・医療技術の進歩と食糧生産技術によるものであり，特に乳児死亡率の低下が大きい．世界の人口は，1650 年頃ではおよそ5億人であり，この時期の乳児死亡率は現在の5倍くらいと高く，平均寿命は 1/3 と低かったことから考えると，現在の人口増加は当然であろう．

国連の推計では 21 世紀の中期には 100 億人を越えると考えられている．人類出現からの時代別に地球上の1人当たりの陸地面積を見ると，図 1.5 のようになる．100 万年前には1人当たり 10 万 ha（ヘクタール）であるが，現在では 2～3 ha，さらに 100 億に達すると 1.5 ha となるが，半分の陸地は高地や砂漠や南極であり実際使えるのは，0.75 ha 程度である．

アリー（W. C. Allee）らの紹介しているアメリカのアリゾナ州カイバブ平原のシカと捕食者の関係を図 1.6 で見ると，肉食獣のピューマ，コヨーテ，オオカミを人為的に大幅に除去した結果が示されている．肉食獣によるシカ個体群の増殖に対する抑制が効かなくなり，シカ個体群は急速に増加していく．しかしやがて平原の餌植物が不足し，飢え死にするシカが増えて，個体数は急速な減少を示し，この平原が持つシカ個体群の収容力以下の以前と変らない個体数となった．これは，人間による自然の攪乱がもたらした結果であり，野生動物では，平原の収容力を超えて持続的に個体数を保つことが難しいことを示していると言えよう．

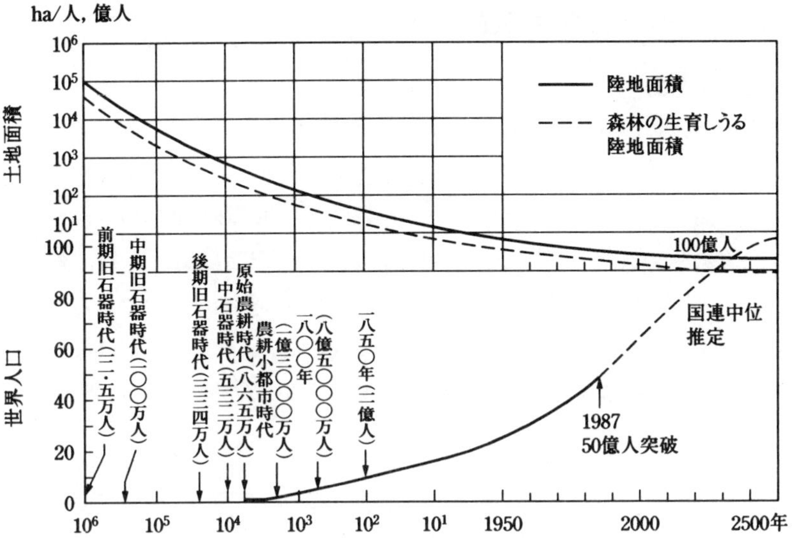

図 1.5　100 万年前から 2050 年までの世界人口と土地面積の変化（綿抜編，1998[6] より）

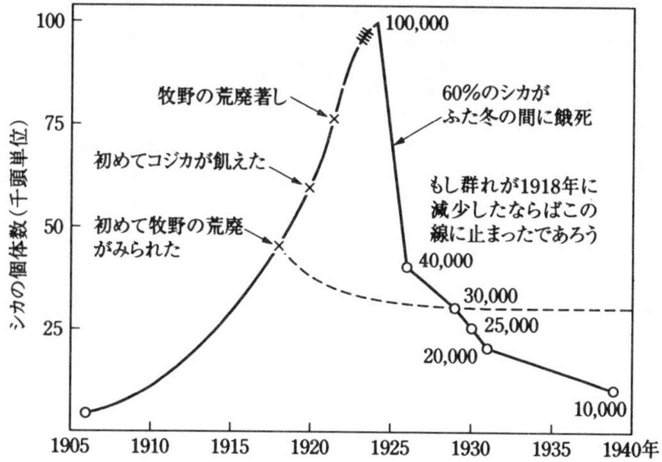

図 1.6　アリゾナのカイバブ平原のシカの個体数に対する捕食者除去の影響

ピューマが 1907〜1917 年の間に 600 頭，1918〜1923 年の間に 74 頭，1924〜1939 年の間に 142 頭が除かれた．オオカミは 1907〜1923 年の間に 11 頭除かれ，1926 年に絶滅．コヨーテは 1907〜1923 年の間に 3,000 頭，1923〜1939 年の間に 4,388 頭除かれた．

1.1.3 動物の個体数変動

A. 生 命 表

動物個体数が時間とともにどのように変化していくかは，生命表によって明らかにできる．生命表は，ある生物集団の年令別・男女別の生存率や死亡率・平均余命などを年齢ごとに示した表であり，人口統計学で用いられてきた．当初は人の生命保険の掛け金算定用として，生命保険事業とともに発展してきた．その後，動物の個体数変動をとらえるために有効な手段であるとして動物にも使用されている．生物の個体群において，生まれた個体が成長しながら，死亡し，次第に減少していく状況を整理してまとめた表である（表 1.1）．

表 1.1 アラスカでのロッキーヒツジの生命表（ボウヒー，1974[7] より）

年齢 (x)	平均寿命からの偏差	出生数 1,000 当たりの年齢別死亡数 (d_x)	各年齢期開始時の生存数 (l_x)	年齢別死亡率 (%) (q_x)	各年齢での平均余命（生存期間の残り）(e_x)
0〜0.5	−100.0	54	1,000	5.40	7.06
0.5〜 1	−93.0	145	946	15.30	—
1〜 2	−85.9	12	801	1.50	7.7
2〜 3	−71.8	13	789	1.65	6.8
3〜 4	−57.7	12	776	1.55	5.9
4〜 5	−43.5	30	764	3.93	5.0
5〜 6	−29.5	46	734	6.26	4.2
6〜 7	−15.4	48	688	6.99	3.4
7〜 8	−1.1	69	640	10.80	2.6
8〜 9	+13.0	132	571	23.10	1.9
9〜10	+27.0	187	439	42.60	1.3
10〜11	+41.0	156	252	61.90	0.9
11〜12	+55.0	90	96	93.70	0.6
12〜13	+69.0	3	6	50.00	1.2
13〜14	+84.0	3	3	100.00	0.7

生命表は通常，次の5項目より構成されている．

x：適当な時間間隔を単位とした齢群を示し，成長が速く寿命の短い昆虫などでは日齢，寿命の長い鳥類や哺乳類では年齢などを時間単位として用

いる

l_x：各単位時間（あるいは発育時間）における生存数（これをつないで図示したのが生存曲線）

d_x：各単位時間における死亡数

q_x：各単位時間における死亡率

e_x：平均余命，ある期間まで生きた個体が，平均的にあとどれだけの期間生きられるかという確率．

さらに齢別出生率 m_xがわかればつけ加える．

また昆虫などの調査では，死亡原因がわかれば記載しておき，死亡要因別に整理して示すと，死亡の実態を知るうえで有用である．昆虫の個体数の減少が捕食者・寄生者の影響が大きいことが明らかになったのは，多くの研究者による地道な努力によって作成された生命表の成果である．生命表はその死亡の実態を量的に明らかにするために大きな役割を果たす．

表1.1はデーヴィ（E. S. Deevey）が調べたロッキーヒツジの生命表である．表のように l_x は出生数が1,000になるように換算して用いることが多い．また平均寿命からの偏差は，平均寿命を0として出生時を－100とおいて計算した相対的な時間であり，平均寿命の全く異なる動物の生命表を比較するのに用いる．

B．生存曲線

生存曲線は，生命表の l_x を時間経過とともにどのように死亡していくかを示している．生存曲線は大まかにみれば，種ごとの生活の仕方を反映した特徴を示しているといえる．生存曲線は動物の種ごとにほぼ一定の傾向を示し，3つのタイプになることが知られている（図1.7）．曲線Aのような初期死亡の少なく，生理的寿命に近くまで生存する個体が多い，モリフクロウやヤマヒツジ，ヒトなどがこのタイプに入る．生態系の最上位にいるような動物が該当する．逆にC型のよう

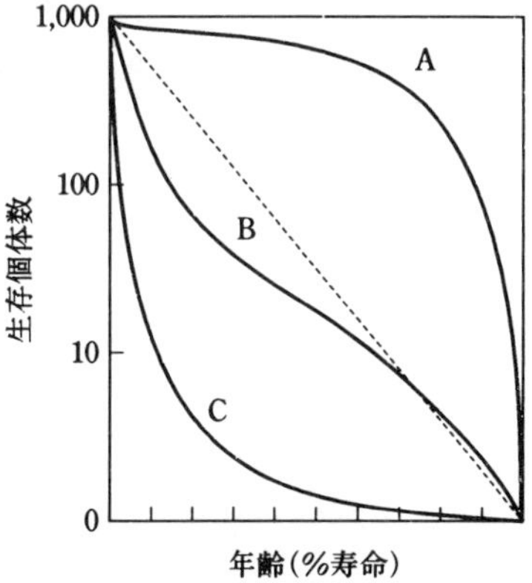

図1.7　生存曲線のタイプ

な動物は，初期死亡が多く親世代まで生き残る個体数の少ない海産の魚や昆虫類などの無脊椎動物がこれに該当し，多数の産卵をする動物で食物連鎖の最下位の消費者がこの生存曲線を示す．B型はスズメ目や多くの野鳥やネズミ類，ウサギ類などの地上棲小型哺乳類の生存曲線であり，産子数や産卵数はC型ほど多くはないが，A型に比べて多い．生存曲線の型は親の養育や若年段階における保護の度合いと密接な関係がある．

C．齢構成ピラミッド

個体群は，年齢構成の異なる集団の集まりであることから，同一年齢集団が個体群全体に占める割合や繁殖状況，将来予測などを考えるには，齢構成ピラミッドで表すとよい．例えば，男女の年齢別の人口数を左右に棒グラフを書いて，下層から幼少年，青壮年，老年の順に各年齢の棒グラフを重ねると，基本的には若年齢層の底辺が長く，老年齢層は短くなっており，ピラミッド型のグラフになり，これを**人口ピラミッド**とも言う（図1.8）．

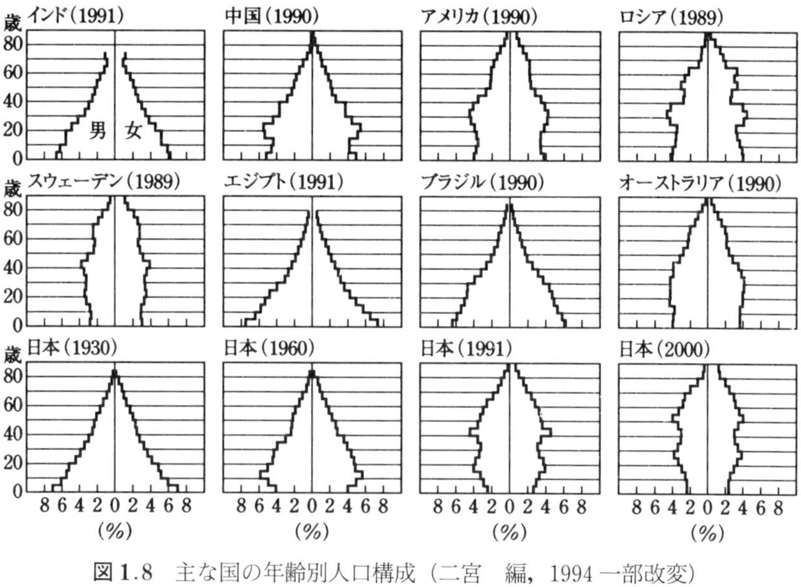

図1.8　主な国の年齢別人口構成（二宮　編，1994 一部改変）

人口ピラミッドを見ると，同じ国でも作成年度によって型は大きく変化することがわかる．日本の例では，1930年，1960年，1991年，2000年と同じ国のグラフとは思われないほど，大きく変化している．先進諸国は，どこでも出生率が低下し，乳幼児の人口が減少し，熟年・老年層人口の比率が高くなり，ピラミッド型からボトル（ツボ）型に変わっている．このようにグラフで表示すると，将来の老人福祉問題や労働力などの，多面的な社会の未来予測を行う上で有力な情報となる．

一般に，増加拡大している個体群は若年個体数が多く，衰退している個体群では，老年個体数が多くなる．また安定した個体群では各年齢の個体数が均一になり，出生率と成熟個体の死亡率がともに低下して，ボトル（ツボ）型となる特徴を示す．

1.2　多様な生物の相互関係—その1

1.2.1　個体群の相互関係

個体群の密度が増加すると，個体当たりの資源は減少して，個体間の競争関係が激化する．個体群のなかでの競争は，同種の個体間で起きるため，**種内競争**と言う．個体間の多面的な関係の一場面であり，種の存続が前提となった現象である．生態学的には，個体群の密度調節機構として重要視されている．

密度効果　閉鎖された環境における個体群密度の影響は，アズキゾウムシをビンの中で飼育すると見られるように，親世代の密度によって子世代の成虫の体重が変化し，孵化幼虫数が多いほど羽化成虫の体重は軽くなる傾向がある．また親世代の密度によって産卵数と孵化率は変化し，密度が高くなるにつれて産卵数の減少率が高くなり，卵の死亡率も高くなる．このように密度の変化に伴う個体群に対する種々の影響を**密度効果**という．

ここで注目すべきことは，産卵数が減少するとともに，未孵化卵も増加することである．この未孵化卵が増加する理由は，成虫による物理的な影響が原因であることが明らかにされている．しかし成虫密度の増加による産卵数に対する影響の原因は明確ではなく，個体同士による産卵行動の妨害の可能性が考えられている．

コクヌストモドキでも，成虫密度と産卵数の関係が調べられており，高密度下では産卵数が減少するが，その理由は雌成虫による卵の共食いである．このような卵の共食いは，別の観点から見ると成虫と卵，幼虫と卵，成虫と蛹などの異なる生活史の時期にある同一種内における個体の行動上の干渉であり，種によっては，交尾，産卵などの妨げあいなどにも見られ，個体間の干渉として次に示す条件付けとともに密度効果を起こす原因である．

生物的条件付け コクヌストモドキは漢字で（穀盗人擬）と書くように穀類を食べるが，このムシを同一の小麦粉の中で継続的に飼うと，小麦粉は排出物や分泌物，老廃物によって変質し，さらに栄養分は摂取されて栄養価が低下することにより，物理的にも，生物的にも悪化が起こり，図1.9のように増殖数は急激に低下する．このような変化を環境の生物的条件付けと呼んでいる．このような条件付けは貯穀害虫のノコギリコクヌスト，ナガシンクイ，バクガ，さらに水中生活をするアカイエカ，ネッタイシマカなどでも広く見られる現象である．

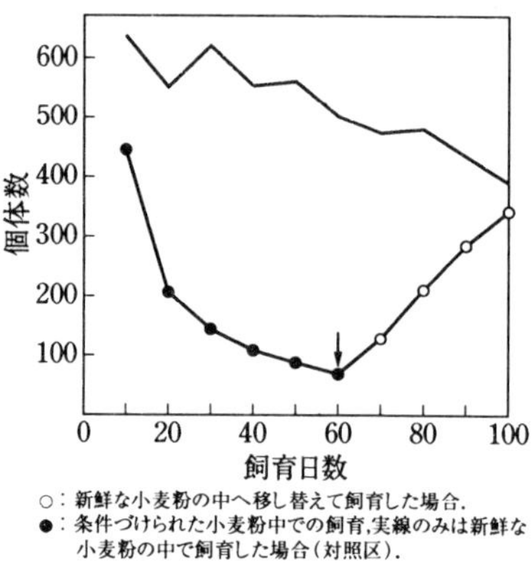

図1.9 コクヌストモドキを条件づけられた小麦粉で飼うと増殖個体数は急激に減少する（Park, 1934および内田，1972[8]より）

A．なわばり制

なわばりは，優劣関係にもかかわっており，広範囲に及ぶ社会的組織の手段である．なわばりは，動物の個体あるいは集団が，他個体あるいは他集団を追い出し，「はっきりした地域性を持った防衛空間」を占有する地域をいう．魚類，爬虫類，鳥類，哺乳類などの脊椎動物で広くみられる．また無脊椎動物では節足動物でみられるが，甲殻類，クモ類，昆虫の一部でみられる．昆虫ではコオロギ，トンボ，その他社会性の発達したシロアリ，アリ，ハチなどでみられる．

イトヨの雄では繁殖期になるとなわばりをつくり，ある地域を誇示してその境界を防衛する行動を示す．鳥類のなわばりは，さえずり（宣言歌）によって示されるが，哺乳類では特定の腺から分泌される物質が用いられ，イヌでは尿，サイでは糞にこの物質を混ぜてこすりつけて防衛範囲を示すマーキング行動をする．

なわばりの防衛はふつう威嚇行動によって行われ，闘争によって死に至ることは稀である．一般に雌はマーキング行動をすることはあまりなく，分泌腺も雄の方が発達している．雄を去勢するとマーキング行動が減少する場合もみられ，この場合は異性誘引と関係しているのであろう．

B．なわばりのタイプ

なわばりは次のような5つのタイプに分けられている．

A型：隠れ場所，求愛，交尾，造巣や大部分の食物集めを行うための防衛地域．

B型：すべての繁殖活動を行い，ある程度の食物をとる大きな防衛地域．

C型：巣とそのまわりの小さな防衛地域．

D型：求愛と交尾のための防衛空間．

E型：防衛される休息空間と隠れ場所．

なわばり行動は，通常同種内の個体あるいはグループに対しての行動を指しており，他種類に対する防衛はなわばりとは言わないが，研究者によっては種間なわばりを認める人もいる．

なわばりにおいて，アユのように採餌のなわばりが決まっている場合，なわばりを持つ個体は持たない個体に比べて採餌量が多く，その結果，同じ時期で前者と後者で体長が2倍と著しい差となって出ることもあり，「採餌のなわばり」の意味の大きいことが明らかである．同様のなわばりとして哺乳類や昆虫類の一部でみられるなわばりがあり，これらの動物の多くは肉食性の捕食者である．捕食者の餌は，生態ピラミッドで示されるように，草食者の餌量に比べて大きく見積もっても1～2桁のオーダーで少ないことから，少ない中から餌を確保するために発達したものであろう．

1.2.2　種間競争

種間競争は，異なる種の間で，食べ物や生活空間などの重要な生活資源に対する要求が重複するときに生じる現象であり，時には一方が他方を絶滅させることもある．これは特に環境が均質で，閉鎖的な場合に顕著に現れる．種間競争で「食うか食われるか」，自種をいかに残すかという，種と種の間の全面的な対立関係を示す生存競争であり，競争種の一方が絶滅することもしばしばある．このような競争は，競争の研究の先駆者であるガウゼ（G. F. Gause）にちなんで，**ガウゼの原理**，**競争的排除則**あるいは**競争置換**ともいう．「生態的に等しい2種は長くは共存できない」ということである．「生態的に等しい」あるいは「異なる」というのは，生態的地位の概念における異同である．動物の各地域個体群は，それぞれ適温範囲があり，また利用食物範囲も決まっている．さらにその種の活動する時間帯とか，季節あるいは生息場所も一定範囲にある．このような要素ごとに分析して比較することによって，生態的な要求の異同が明らかになる．競争的排除則では2種が同じ生態的地位を占めるほど，遺伝的に似ていて同じところに棲息した場合には，一方が他方に置き換わる．

内田の行った，一連の実験からその一つの例を見ると，同じ属であり生態的地位も等しいと思われるアズキゾウムシとヨツモンマメゾウムシは，アズキで一緒に飼育すると，常に前者が滅び後者が生き残る（図1.10）．一方，餌として不適な大豆で同様にして，両種を飼うと，この関係は不安定になりどちらが生き残るかは一定しなくなる．

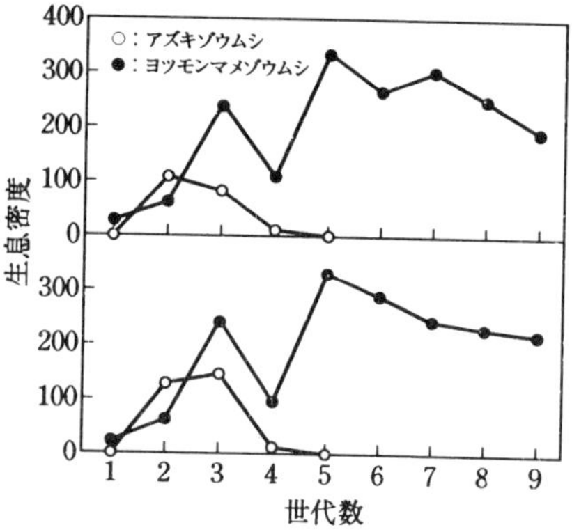

図1.10　アズキゾウムシとヨシモンマメゾウムシの競争（内田，1952）[9]
一緒に飼うと2回の繰り返しとも，前者は後者に滅ぼされた．

A．棲み分け

よく似た生活様式を持つ2種以上の生物が，種本来の要求からすれば同じ場所に棲みうるのに，競争の結果，生息場所を時間的あるいは空間的に分け合っているとき，これらの種は棲み分けているという．また同じ生活の場を占める場合には，食物の種類を異にすることが多く，これはときに「**食い分け**」と呼ばれる．

河川上流の清流に生息するイワナとヤマメは，夏の水温が13℃付近を境にして分かれて棲むことが多いが，両種とも自種だけのときは，もっと広い範囲に生息する．生息場所が分かれているのは，棲み分けの結果である．同様に川魚を上流から下流までみると，魚種は表1.2のように変化することが知られており，最上流域にはイワナが棲み，次にヤマメがいる．宮地はこの地域を「マス域」としている．つづいてウグイ，オイカワ，カワムツ，ヨシノボリ，ムギツクに代表される中流域は，「ウグイ，ムギツク，オイカワ域」とされ，アユも生息する．さらに下流域は，コイ，フナ，タナゴ類を中心とする「コイ域」になり，下流には汽水にも住めるハゼ，ボラ，スズキがはいるようになり，筑後川では特産のエツ，クルメサヨリが産卵にくる地域である．

表1.2　河川における魚類の棲み分け（塚原，1951および宮地，1953[10]より作成）

流域	上流域	中　流　域	下　流　域
生息域	マス域	ウグイ・ムギツク・オイカワ域	コイ域
構成種	ヤマメ	ウグイ・ムギツク・オイカワ・カワムツ・ヨシノボリ・オヤニラミ	コイ・フナ・ウナギ・タナゴ・ハゼ・ボラ・スズキ

B．近縁種の共存

ガウゼは生態の似た近縁な2種は同じところに長い間だ共存できないか，あるいは同一の生態的地位を持つ異種は同じ棲み場所に長くは共存できないと考えた．しかし，多くの研究の結果，近縁な2種の共存の例が必ずしも少なくないことが明らかになった．

C．食性の分化による共存

クロヤマアリとクロオオアリは，ともに動物性の餌をとっており，餌の種類構成と活動時期，行動域が重なっている．すなわち，これら2種のアリは「似た食物要求を持つ2種が同所的に生存している」典型的な例である．「似た食物要求を持つ異種動物が比較的狭い範囲内に共存するメカニズムとして」，種間の相互作用によって食性を分化させる例が魚類で明らかにされている．アリの場合は餌の大きさ（ここでは重さ）によってクロオオアリは大きい餌を，クロヤマアリは小さな餌を利用するというように体の大きさにあわせて，それぞれの種が相対的な有利さを保障する方法で分割利用している．

D．餌配分の分化

ニューギニアの低地降雨林に生息するヒメアオバト属やミカドバトに属す果実食性のハト類は，種ごとに体の大きさが異なり，その大きさによって採餌する場所と木の実の大きさを違えている（図 1.11）．体の大きい種は大きな実を食べ，同じ木の場合は小さい種ほど枝の細い部分で採食する傾向がある．

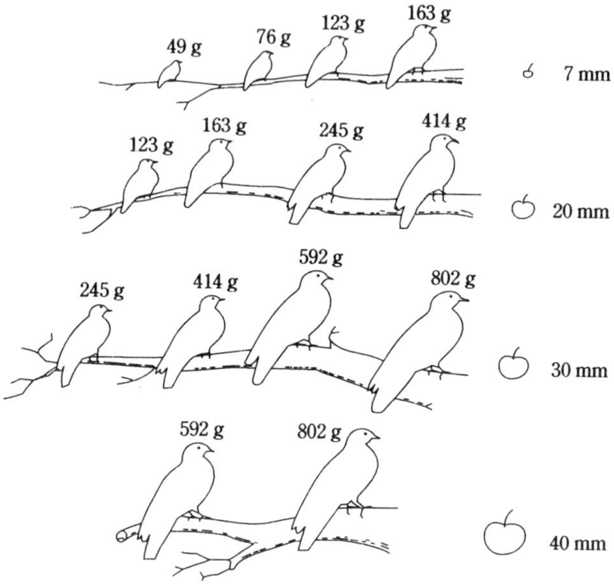

図 1.11　ニューギニアの低地降雨林に棲むハト類８種における体の大きさと食べる木の実の大きさ，および止まる枝の太さとの関係（Diamond，1973 および樋口，1984[11] より）
図の右側の過日と数字は，それぞれの餌の大きさを直径で示している．また，鳥の上に示した数字はそれぞれの体重を示している．

プエルトリコに生息する鳥類のミツスイ類は，くちばしの大きさの違いに応じて，吸蜜する花の種類が異なり，くちばしの長い種と短い種では花の大きさも明らかに異なる．これらのことからもわかるように，鳥類では体やくちばしの大きさと採食習性は明らかな関係がみられ，重要な指標である．

文　　献

1)　沼田真編：「生態学辞典」，築地書館（1974）

2)　エルトン著，伊藤嘉昭・山村則男・嶋田正和訳：「動物生態学」，蒼樹書房（1992）

3)　伊藤嘉昭：「動物生態学」，蒼樹書房（1992）

4)　松本忠夫：「生態と環境」，岩波書店（1993）

5)　埴原和郎：「人類進化学入門」，中央公論社（1972）

6)　綿貫邦彦編著：「100 億人時代の地球」，農林統計協会（1998）

7)　ボウヒー著・高橋史樹訳：「個体群の生態学入門」，培風館（1974）

8)　内田俊郎：「動物の人口論」，NHK ブックス（1972）

9)　内田俊郎：2 種のマメゾウムシの間にみられる種間競争．個体群生態学の研究，1（1952）

10)　宮地伝三郎・森主一：「動物の生態」，岩波全書（1953）

11)　樋口広芳：種と種分化「現代の鳥類学」，朝倉書店（1984）

第2章

生物圏と生態系

2.1 生物圏とは

生物圏（biosphere）とは地球上で，生物が生息可能な地域全体を指し，大気圏，水圏，地圏などの語と対応して使われている．生物圏には水が存在していて，光合成が可能であり，光合成産物が移動可能な空間に限られている．生態学辞典（築地書館，1974）では「大気圏から水圏まで加えて，その幅は約20 km．しかし生物が最も多く集中的に生存しているのは地際付近である」としている．松本（1993）は「以前から，地球の表層部分にヒト，動物，植物，微生物などあらゆる生物が一緒に生きていることを象徴する用語として生物圏という言葉が使われていたが，いまや諸生物がより一体化して共存していることを強調する用語として共生生物圏（symbiosphere）という言葉が登場し，文部省の重点領域研究のテーマにもなっている」と述べている．

2.2 生態系における物質とエネルギーの循環

2.2.1 生態系の構造と機能

生態系は，ある地域に生息するすべての生物の集団と，その生活に関係する非生物的諸要素を含む環境から構成されており，主として物質循環やエネルギーの流れに注目して，一つの機能系的なシステムとしてとらえたものである．生産者，消費者，分解者からなる生物的要素と非生物的要素（環境的要素）の2要素からなる（図2.1）．

- 生態系
  - 生物的要素
    - 生産者（主に緑色植物）
    - 消費者
      - 消費者（一次・二次・三次消費者）
      - 分解者
  - 非生物的要素
    - 大気，水，土壌
    - 代謝物質（酸素，二酸化炭素，栄養塩類）
    - エネルギー代謝（光，熱，運動量）

図2.1　生態系の構成要素

生態系の概念は，必ずしもはっきりしたものではなく，様々な広がりでとらえることができる．対象によって例えば，森林生態系，海洋生態系，河川生態系，湖沼生態系，草原生態系，また池や水槽の生態系のようなとらえ方もあるし，地球全体を一つの生態系とみなすこともできる．

生物と環境のかかわりをみる場合，生態系としてとらえることは基本的に重要である．自然を生態系としてとらえると，環境の変化による生物の影響がわかりやすく，特に人間の活動，開発などがどのように自然に影響を与えるかを調査し明らかにするうえで有用である．

非生物的要素は生物に対する機能によって，次の4つのグループに分けて扱うことが多い．

①生物の生活空間物質である大気，水，土壌の物理・化学的諸性質．

②生態系のエネルギー源となる太陽光線．

③生態系を循環する無機物としての炭素，酸素，窒素，二酸化炭素，水，栄養塩類など．

④生物と非生物を結ぶ物質としての動植物の排出物やその遺体などの有機物，およびそれらの分解中間生成物など．

生物的要素は，生態系内の物質循環に果たす役割によって，生産者，消費者，分解者の3つのグループに分けて扱う．

①**生産者**（producer）　通常光合成を行う緑色植物を生産者（**一次生産**

者）と言う．これは**独立栄養生物**（autotroph）とも言い無機物である二酸化炭素を，エネルギー源として太陽光を用いて，タンパク質，ブドウ糖，デンプンなどの有機物を生産している．

②**消費者**（consumer）　緑色植物の生産した有機物を摂食して生活する草食動物や，動物を捕食する肉食動物を消費者と言う．また生産者の生産物に依存していることから，**従属栄養生物**（heterotorophic organism）とも言うが，動物は，有機物を分解・再合成して新たな有機物を生産するという意味から**二次生産者**とも言う．

③**分解者**（decomposer）　生物の死骸や生物からの排出物，あるいはそれらの分解物を取り込んで，分解した際に得られるエネルギーを利用して生活する生物を**分解者**と言う．分解者は植物体や動物体の有機物を分解して，生産者が利用できる無機物に戻す（還元する）役割をしており**還元者**（reducer）とも言われ，通常は細菌類や菌類を指す．

2.2.2　化学物質の循環

地球生態系を循環する物質は，生物の活動の多様さに伴って多様である．そのうち特に生物と密接な関係を持つ元素として炭素，酸素，窒素，水素の4つがある．この4元素は，生物体の有機物を構成する主要元素であり，動植物体の95％を占めている．これら4元素以外にも生物とかかわりの深い元素としてリン，硫黄，カルシウム，ナトリウムなどがある．この他にも微量であるが生物体内に存在する元素として，鉄，銅，亜鉛，マグネシウム，ヨウ素，コバルト，マンガンなどがあり，イオンや分子の形で重要な働きをしている．しかし，リン以外は生態系での循環という観点からはそれほど重要視されていない．

A．炭素の循環

生物体を構成する物質の中では，水を除くと炭素が最も多く有機物として存在している．炭素の循環は，生態系の生物的要素と非生物的環境を結ぶうえで水循環とともに重要な役割を果たしている．炭素は，光合成とかかわる無機態炭素と生物体に含まれる炭素および生物の遺体に含まれる有機物中の炭素としてとらえると都合がよい．

陸上生態系では，植物は光合成を行って大気中に含まれる約 0.034 %の二酸化炭素を炭素源として有機物を固定する．固定された有機物は，植物自体の呼吸で約 50 %が使われ，二酸化炭素として大気中に戻る．そのほか昆虫や動物に食べられて他生物に移行し，呼吸によって大気中に戻る部分もある．残りは，落葉や枯死により，また動物の排泄物や死亡による遺体として土壌動物や微生物によって分解され，二酸化炭素として大気中に戻る．陸上生態系の炭素収支は，本来はほぼ釣り合っており，陸上植物中および土壌有機物中の総炭素量はほぼ等しいといわれている．陸上生態系の中の炭素はこのようにして循環を繰り返す．しかし，現在排出される炭素量のうち，化石燃料経由と熱帯地方の焼畑から出る量が自然の収支の他に毎年付加されているため，大気中の炭素量は，年々増加しており（図 2.2 参照），地球温暖化が懸念されることから，1997 年の京都で開かれた締約国会議（cop 3）で削減条約締結のための議定書（京都議定書）が出されたのである．

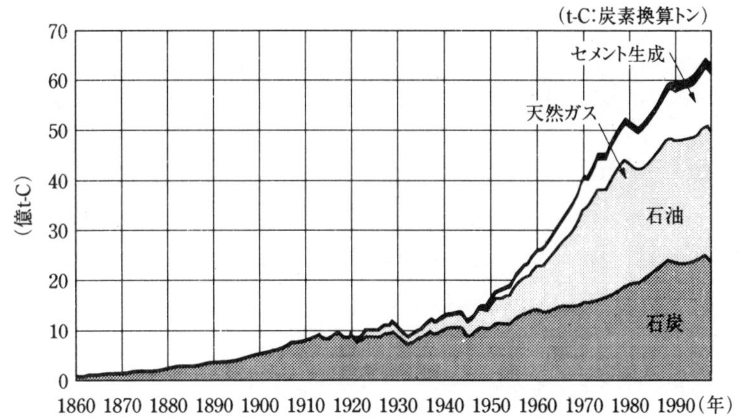

図 2.2　エネルギー消費と産業活動による二酸化炭素排出の長期変化（環境年表 2002/2003，茅　洋一監修，2002）[1)]

水界生態系の炭素は，水に溶けた二酸化炭素や炭酸イオン，重炭酸イオンとして溶存無機炭素として存在する．その濃度は大気中の二酸化炭素濃度の 100 倍以上もある．水界では水生植物により表層で光合成が営まれるが，光が届かない無光層では消費者と分解者だけが存在する．死んだり枯れたりした動植物の遺体は，水中で分解されて炭酸ガスが放出される（図2.3）．

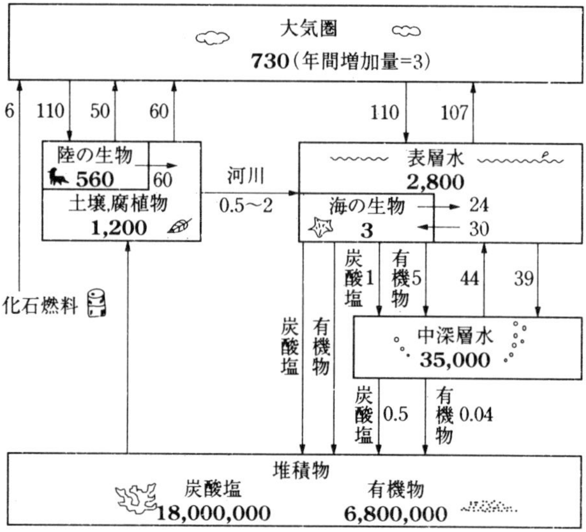

図 2.3　地球的規模の炭素の循環
（単位は存在量（太文字）が 10^{15}g，移動量（細数字）が 10^{15}g/年（角皆（1989），および松本（1993）より）

B．窒素の循環

窒素の循環系を図2.4に示す．窒素は大気中で最も多い気体であり，生物体を構成する重要な元素である．しかし，植物や動物は窒素を大気中から直接とり込むことはできない．窒素は特に生物体中の核酸，タンパク質，アミノ酸などに含まれている．植物は硝酸イオン，亜硝酸イオン，窒素ガス，アンモニアなどの簡単な無機態窒素をとり込み，有機体窒素化合物を合成する．

生物体中の窒素は，動植物が死亡した後，分解者である各種バクテリアによって，有機物の形から無機物の形へと分解される．窒素の一部は緑色植物が直接利用できる硝酸塩となるが，海へ流出してプランクトンの死骸とともに深海へ沈積して失われるものもある．この損失は，火山の噴火によって出る火山ガスから大気中に排出される窒素で補われる．この自然の補給がなければ，農作物の生産量に大きな影響が出て，多くの餓死者が出るとも言われている．

窒素は脱窒素細菌の働きによって大気中に絶えず入り，窒素固定菌や雷などの空中放電，さらに紫外線の作用などのほかにも様々な経路で大気，海洋，陸地を循環している．大気は窒素を約80％も含んでおり窒素の最も大きい貯蔵庫である．マメ科植物が根粒バクテリアとの共生によって，窒素も自給できることは良く知られている．

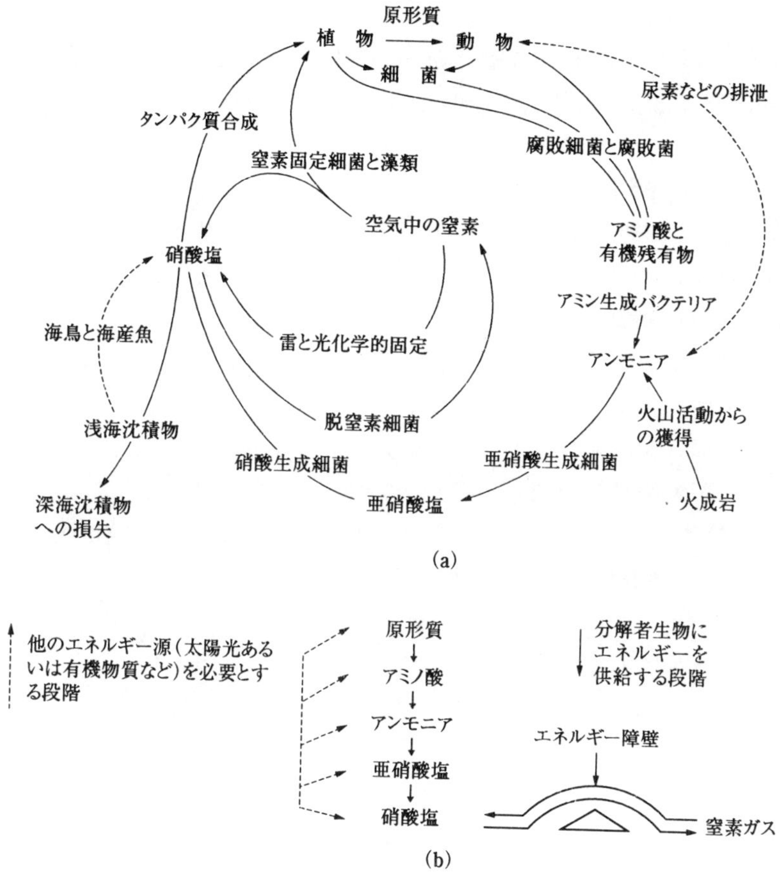

図 2.4　地球的規模の窒素の循環（オダム，1975[2]より）

(a)　生物と環境との間での窒素循環が，重要な段階を担う微生物とともに描かれている．

(b)　同じ基本的な段階が上方向一下方向のシリーズ中に配列してある．高エネルギー型を丈夫に描いて，エネルギーを放出するものとエネルギーを必要とするものと区別してある．

マメ科植物以外にもハンノキ属，ドクウツギ属，グミ属の植物などでも，共生バクテリアの助けによって窒素を固定している．これら木本性植物は，窒素源の少ない荒地の樹木の生育に大きな役割を果たしている．

水界の窒素汚染が問題になっているが，これはアンモニア酸化細菌と亜硝酸酸化細菌の活動バランスがくずれていることによる．例えば，亜硝酸酸化細菌の活動に比べて，アンモニア酸化細菌の活動が不十分な場合や，その逆の場合に水中のアンモニアや亜硝酸が過剰になり，河川や湖沼の富栄養化という現象を起こす．

C．エネルギーの流れと食物連鎖

生態系内の生物の個体群を食物関係でみると様々な生物が互いに「食うものと食われるもの」の関係でつながっていて，このつながりを**食物連鎖**と言う．食物（各種餌生物）に含まれるエネルギーは，化学エネルギーとして食物連鎖の経路をたどって移動していく．このエネルギーの流れは，川を流れる水のように一方向に流れ，逆流することはない．食物連鎖を形成している各種栄養段階の生物は，単位時間，単位面積当たりに固定するネルギー量，あるいは生産量，また個体数を調べると，栄養段階の上位者ほど小さくなる．これを図示すると，概略的には全体としてピラミッド型になることから**食物連鎖のピラミッド**，あるいは**生態ピラミッド**と言う（図2.5）．

食物連鎖上における各生物の位置は**栄養段階**といい，太陽エネルギーを固定する緑色植物は生産者であり，植物を食べる植食動物（草食動物）は一次消費者，植食動物を食べる肉食動物は二次消費者という．さらに一次，二次消費者を食べる三次，四次消費者が存在することもある．

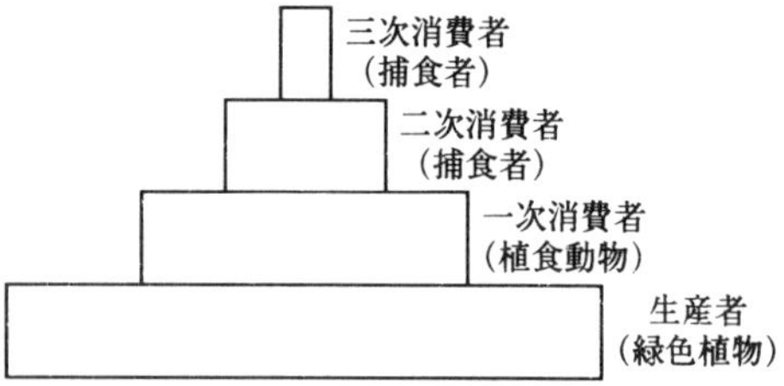

図2.5 生態ピラミッド（数のピラミッド）
生産者である緑色植物の個体数が最も多く，それを食べる一次消費者，さらにそれを食べる二次消費者と段階が上にいくほど個体数が少なくなる．ワシ，タカなどの猛禽類は特に少ない．

自然環境下では，独立した一連の食物連鎖が成立していることはなく，通常，多くの動物は，複数種の生物を餌とし，また多くの生物は，複数種の動物の餌になっていることから，種と種の間だの食物連鎖は図 2.6(b)のように入り組んだ複雑な網目状の構造になっており，**食物網**と呼ばれる．食うものと食われるものの関係が図 2.6(a)のように互いに１種類の場合，捕食者あるいは被食者のいずれか一方の数の変動によって，他方は大きく影響を受けることになる．しかし，図 2.6(b)のようにいろいろな栄養段階の個体群の間だに，相互に関連した調節的な連鎖が組み合わさって食物網を形成している場合は，１種類の餌生物あるいは捕食者に減少が起こっても，他種へ切り替え，あるいは他種の捕食者による捕食が増加するなどによって個体数の高い安定が保たれる．

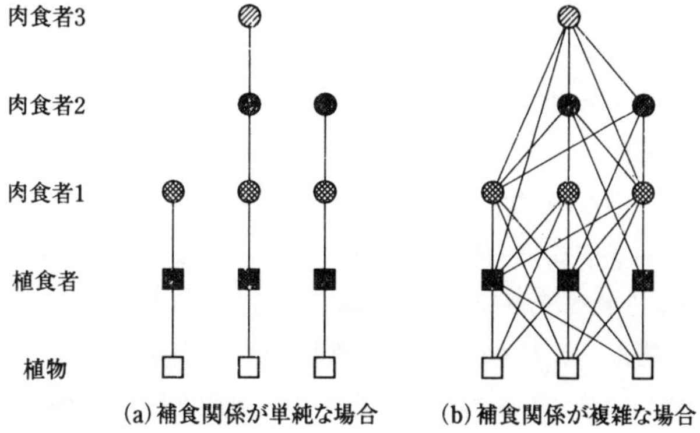

図 2.6　異なる生態系の群集における食物網の構造

2.3　多様な生物の相互関係—その２

2.3.1　食うものと食われるもの（捕食・寄生関係）

A．捕　食　者

自由生活をしていて，餌（prey）を捕まえて食う動物を**捕食者**（predator）といい，捕食者が成長して繁殖するまでに１匹以上，複数の餌を殺して食うことが多い．例としてヒョウ（餌としてサル，ホロホロチョウなど），ツバメなどの小鳥（餌は昆虫やクモなど），クモ（昆虫類），トンボ（カやハエなどの昆虫類）などある．

B．捕食寄生者

寄主（host）の体の外側に固着（外部寄生者）している．あるいは体の内側に入って寄主から寄主へと動くことができない捕食寄生者（parasitoid）は，寄主を食って最大で1匹最終的に殺す．1匹の寄主が何匹かの捕食寄生者に食われることがあり，寄生者の大部分はハエ（寄生蠅）とハチ（寄生蜂）の仲間である．

C．真性寄生者

寄主の体の内側あるいは外側について栄養をとる寄生者である．ヒトに寄生するカイチュウ（内部寄生者）やノミ，シラミ（外部寄生者）のように，直接は寄主を殺さないが，多数の寄生によって寄主が弱って病気になる，あるいは体内の臓器に穴をあけて死に至ることはある．医学・寄生虫学では host を宿主と訳している．

長い間，「食うものと食われるもの」という相互関係が継続すると，餌個体群の増加率に対する捕食の影響は小さくなる．つまり，捕食者は餌個体群の「自然の利子」を食べているような状態になる．しかし，捕食者が減少すると利子の部分が増えて餌生物の個体数の急増ということが起きる．捕食は，個体群密度の調節にいろいろな程度で寄与する一般的な要因であり，過剰な個体は，捕食される．

自然選択は捕食者・被食者に対してそれぞれ正反対な方向に働く．捕食者は，餌生物を捕まえたり，食べたりするのにより有効なメカニズムを発達させる方向に進化する．例えば，猛禽類は鋭い爪とクチバシを獲得し，ヘビやトカゲ，クモ，ハチ，アリなどは麻酔薬（毒性）や注射器（針）を発達させた．また特殊化した捕獲機能を持つクモの巣やアリジゴク（ウスバカゲロウの幼虫）の巣穴トラップがある（図2.7）．

一方，被食者は生存確率を高め，捕食者に食われる機会を減少させるような形質が選択的に残っていく．その結果として，捕食を回避する適応は非常に多様である．動物が食われることを回避する方法をあげると，次の5つがある．

①捕食者から積極的に逃げる．

②動かないでじっと静止して捕食者に見つけられないようにする．

③体内に毒物質を持ち，食べるとマズイことを積極的にアピールする警告色
④毒物質を持たないが他の動物の警告色をまねる．
⑤条件によって集団を形成して食われにくいようにする．

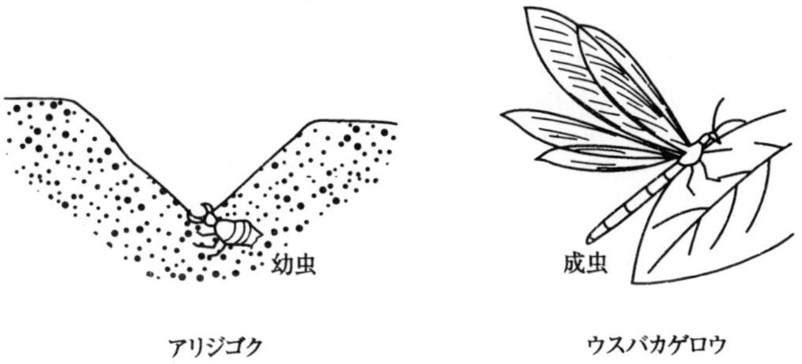

図 2.7 アリジゴク（ウスバカゲロウの幼虫）の巣

2.3.2　捕食者から身を守る方法

A．カムフラージュ

カムフラージュ（camouflage）は，視覚的なごまかしの一形態であり，それによって捕食者から逃れることができるし，逆に捕食者は身を隠して適当な獲物を待ち伏せすることができる．

死んだようにじっと制止して，捕食者に姿を見つけられないようにすることや，ある動物がその背景に紛れこむように進化するなどがある．ショウリョウバッタを例として見ると，このバッタには緑色タイプと黄色タイプがあり，一般に自然条件下では緑色タイプは背景が緑色の場所に多く，黄色タイプは黄色の場所に多く棲んでいる．実験的に緑色タイプと黄色タイプのバッタに緑色と黄色の背景の選択実験をしたら，緑色タイプは緑色の，黄色タイプは黄色の背景を選んでいる．

B．警　告　色

警告色（warning color）は捕食者に警告を与えるような被食者の体色であり，これによって捕食を回避する動物には次のような特徴のいくつかがある．

一つは目立つ色彩を持つこと，他には，不快な味や毒物を持っている，あるいは針を持っていて反撃する，また動作はゆっくりしていて捕獲行動を起こし

にくいなどの特徴である．これらの特徴によって，被食者は捕食者に記憶学習させ，捕食をまぬがれるのである．

昆虫の中には食われることから身を守るために，体内に毒物質や刺激臭を持つ物質，苦くてマズイ物質を持っているものがあり，これを使って捕食を逃れる．このような昆虫の中には，毒物質を体内で合成するものと外部から取り込んで貯めるものがある．オオカバマダラはハネに強心配糖体という強力な心臓停止作用を持つ毒物質を持つが，これは幼虫の食草であるトウワタから取り込んで貯めた物質である．オオカバマダラの幼虫，成虫いずれでも捕食した鳥は，数分後に激しく吐き戻し，学習して2度とオオカバマダラを食べない．

C．擬　　態

擬態（mimicry）は，ある擬態する動物がモデルになる動物と見分けがつかないほど似る現象を言う．擬態にはベイツ型擬態，ミュラー型擬態，攻撃的擬態，種内擬態などいくつかのタイプ分けがある．ベイツ型擬態は，特定の標識を持つモデルになる有害な動物を避ける捕食者が，そのモデルに擬態した無害な動物にあざむかれて，捕食を避けるようなタイプである．この場合モデルになった動物にとっては，何の利益もない．実験によって警告色を持つクロスズメバチを避けるように条件付けられた鳥は，クロスズメバチの擬態者であるハナアブを避けて食べないことが証明できた．

また，野生生物の擬態の実態をみると，警告色を持つアゲハチョウの一種（*Battus*）とその擬態者（*Limenitis*）の例がある．*Battus* と *Limenitis* はそれぞれ図2.8のようにメキシコ湾からカナダにかけて分布し，五大湖周辺で重なっている．*Limenitis* は *Battus* と分布が重なっているところでは黒色で似ており，分布が重ならないカナダでは黒と白の隠蔽色になっている．モデルがいるところでは，明らかに黒色が有利であるが，モデルの分布しない地域では隠蔽色でいる方が有利であった（図2.8）．この擬態の限界は，擬態種がモデルよりも個体数が多くなることができないというものである．多くなると，捕食者が毒などの被害のない擬態個体を多く食べて条件回避をしなくなる可能性が強くなることである．そこで雄と雌で模様が異なっていて，子孫を残す雌だけが擬態するアゲハチョウの一種が存在する．

ミュラー型擬態は，有毒あるいはマズイ種同士の一群が同じ警告標識を持っている場合であり，捕食者は一群全体を攻撃しなくなる．この場合どちらが擬態者とは言えない．

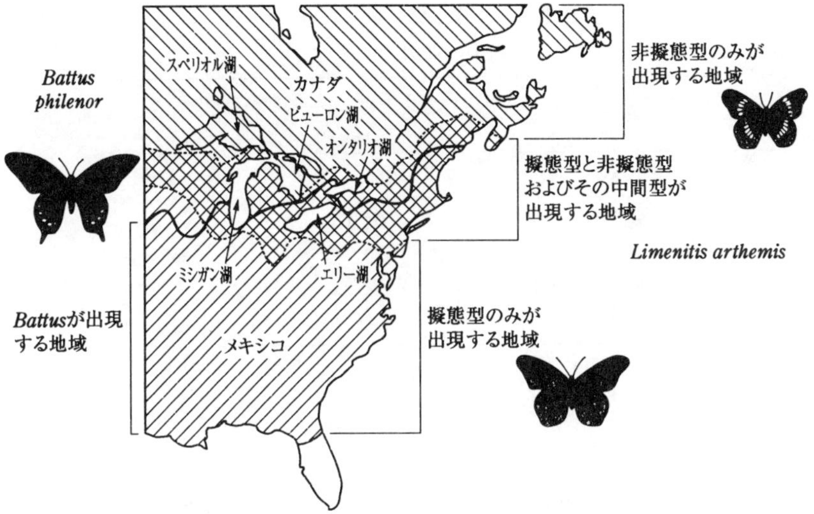

図 2.8　警告色を持つアゲハチョウの一種と，その擬態者の分布域
後者は前者の有無によって翅の色が変化する．
(マクファーランド・木村，1993[3]) より)

攻撃型擬態は，ある捕食者である擬態者が他の誘引あるいは，少なくとも回避しない標識に擬態して，近寄った動物を捕食するあるいは利用するタイプである．マレー半島に棲息するピンクのカマキリはノボタンの花に似ており，花と間違えて周りに集まる昆虫を捕まえる．

2.3.3　種間相互作用

A．共生の例（アリとツノゼミの共生系）

ツノゼミはアブラムシと同様に吸汁性の昆虫で，「アリとアブラムシの共生」のように「アリとの共生関係」が成り立っている．アブラムシ同様に栄養価の高い甘露を排出するため，アリが集まりクモなどの捕食者から守られるという共生関係が成立している．ただし，常に同じようにアリから守られているわけではなく，表 2.1 のような条件によって変化する．ツノゼミの寄主である植物の質が良くて良い甘露を供給できるときはアリの保護行動を誘発するが，植物の質が悪くて甘露の質が悪い場合にはアリに捕食されることもある．

表2.1　ツノゼミがアリから得られる利益
（大串，2001[4]より）

項　　目	アリからの利益	
	あ　る	な　い
調査年度	1985　1987	1986
幼虫集団の大きさ	大きい	小さい
発育段階	幼　虫	成　虫
植物あたりの個体数	少ない	多　い
植物の質	良　い	悪　い

ツノゼミにとって不要な排泄物（甘露）がアリにとって貴重な餌になっていて，安定的な相利共生関係が成り立っているように思われる，しかし様々な要因によってこの関係が変化することもある．アリは攻撃性の強い多食性の捕食者であり捕食者が近付きにくいことから，ツノゼミは甘露によってアリを集めて利用していると言えよう．

植物とアリの共生もみられ，昆虫の攻撃から身を守ってもらうために，積極的にアリを呼び寄せてアリを番犬のようにして食植性昆虫を追い払ってもらう植物がある．このような植物を「アリ植物」と呼び，アカシア，セクロピアなどが知られている．

B．植物の防衛戦略

植物は多くの場合，一方的に昆虫や動物に食われるが，食い尽くされることは稀である．しかし，食害によって見かけの被害以上に影響を受けることも少なくない．これに対して，植物は植食者からの被害を最小限にするための様々な防衛手段を進化させてきた．この防衛戦略は2つに分けられ，一つは「食べられないための戦略」であり，もう一つは「食べられた後の戦略」である．前者はさらに，植物自体が行うもので，①時間的エスケープ，②物理的防御，③化学的防御と④他者による援助，によって防ぐタイプがある．

①時間的エスケープ　これは，例えば，植物の芽吹きを昆虫の出現する時

期とずらして攻撃を回避するようなことで，成長スケジュールの変化によって昆虫の食害を減らすことができる．

②**物理的防御**　これは，アカシアやアザミは表皮組織を変化させて，防御のためのトゲを作って草食性哺乳動物からの食害を防ぐ，しかしこのトゲは草食性昆虫にとっては摂食の妨げにはならないことから効果はない．一方で，葉の裏や茎に細かい毛を密生させて昆虫の食害を防ぐものもいる．例えば，吸汁性アワフキの一種の幼虫は，ヤマハハコの茎から吸汁を茎の表皮の密生した毛によって摂食行動が妨げられるが，密生した毛を除去すると吸汁が可能になる．また，葉の硬さも昆虫の食いつきに関係し，物理的な硬さも防御手段として働く．タンポポ，クワなどの乳液，マツやスギの樹脂であるヤニのように，損傷を受けると分泌される粘着物質は，その後の昆虫の食害を防ぐ．

③**化学的防御**　この他に，わずかな含有物質で食害に対して効果のあるツツジの葉に含まれるアルカロイドやカラシナのカラシ油配糖体，未成熟な梅の実に含まれる青酸配糖体などは低分子化合物であり，アミノ酸やDNAの合成を阻害するなどの毒性がある．窒素の多い肥沃な場所に生育する植物は窒素を原料とするアルカロイドなどを持ち，やせた土地では，炭素を主体とするフェノールなどに依存すると考えられている．しかし，昆虫によっては解毒酵素を獲得して防御効果をなくするものもある．一方で，お茶の葉に含まれるタンニンやフェノール化合物などの高分子化合物は，毒性はないが，量によって昆虫の消化を妨げる作用がある．この量による防御物質を使っている植物は，寿命の長い樹木などに多いといわれる．

④**他者の援助による防御**　植物には植食性昆虫の食害に対して，食痕から揮発性物質を出してそれが食害する昆虫の寄生性ハチを呼び寄せる警報となり，さらに寄生ハチの寄種発見効率を高めていることが明らかになった．このことを比喩的にみれば，ボデーガードを雇っているようだと言うこともできる．

植物の食害に対する防御物質は，植食者の攻撃の有無に関係なく，いつも防御物質を持っている恒常防御と，食害を受けてから量を増やす誘導防御の2つに分けられている．食害を受けてからどれくらいの時間で防御物質が作られるかは，植物によって大きく異なり，食害後すぐに増えるものから，2～3時間あるいは2～3日してようやくできるものまである．また効果の持続時間も2～3時間のものから，カバノキのように数年間効果の持続するものまである．タバコの葉と食害するある種のスズメガ幼虫の間では，タバコは食害を受けると葉のアルカロイド含有量は直ちに増加し，1週間後には4倍近くまで濃度が上がり，その後は次第に低下して，2週間後には元のレベルに戻る．

防御効果から見ると，恒常防御で食べられる前から高濃度で身を守った方が良いのは当然であるが，それには「防御コストがかかる」という問題がある．植物は光合成産物や根から取り込んだ栄養塩類をエネルギーとして成長，繁殖，防御に振り分けて使用する．しかし，振り分けて使えるエネルギーには限りがあり，防御に多く使えば成長と繁殖への投資量が減ることになる．この視点から見ると，恒常防御よりも緊急時にだけ防御物質を作る誘導防御の方が低コストで済むことから，誘導防御反応を行う植物が多いことがわかってきた．またこの防御タイプの変形として，食害を受けると葉や茎の形態形質の変化が起きて毛の密生やトゲの増加によって，以後の食害や産卵行動を妨げる例が見られる．その例としてハンノキの一種とハンノキハムシの近縁種の間では，食害を受けると二次的な展葉によって新たに出現する葉の毛の密度が6倍も増加し，ハムシの産卵が妨げられた．また，シカなどの草食性哺乳類の摂食後には，毛の密度の増加やトゲの増加が知られている．

文　献

1）茅洋一監修：「環境年表 2002/2003」，オーム社（2002）
2）オダム著・三島次郎訳：「生態学の基礎（上）」，培風館（1975）
3）マクファーランド編・木村武二監訳：「オックスフォード動物行動学事典」，どうぶつ社（1993）
4）大串隆之：ダイナミックな生物間相互作用「群集生態学の現在」，（佐藤宏明・山本智子・安田弘法編著），京都大学学術出版会（2001）

第3章

生物多様性

3.1 多様性とは

生物の多様性に関する条約（「生物多様性条約」）では，生物の多様性とは，すべての生物（陸上生態系，海洋，その他の水界生態系，これらが複合した生態系であり生息または生育の場のいかんを問わない）の間の変異性であり，「種内の多様性」，「種間の多様性」および「生態系の多様性」を含む，3つのレベルでの多様性の存在を定義している．生物を保護するとは，生物の多様性を保護するということである．

①種内の多様性　種内の多様性というのは「遺伝子の多様性，遺伝的多様性」のことであり，生物の種の中には多様な遺伝子が存在し，同一種であっても個体ごとに異なる遺伝子を持ち，さらに異なる集団なら，さらに遺伝的な変異が大きくなる．外観的に分布地域によって色や形や大きさが異なる，温度に対する耐性，例えば「寒さに強い，高温に強い」など一定の性質の違いとして現れることもある．

ヒトの場合，皮膚や髪の色や身長などの体格の違いなどで遺伝子の多様性を見ることができる．生物各種の個体は，遺伝的に異なっており，種内の遺伝的多様性は，種が環境の変化に適応して生き残るために必要なことである．遺伝的変異の乏しい集団は，環境が大きく変わると，変化にうまく対処できない恐れが出てくる．地域集団に含まれる個体数が少ないと，遺伝的な多様性が失われやすく，絶滅しやすい．

生物多様性の保護という意味では，守るべき多様性として「分布集団の多様性」がある，つまり，ある地域に生息する生物は，局所集団に分かれて生活しており，これらの集団は孤立しているのではなく，ときどき個体や遺伝子の交換があり相互に結びついている．この集団の個体数が少なすぎても，集団の数が減りすぎても，種の絶滅の恐れがでてくる．

②種間の多様性　種間の多様性は，多くの種によって成り立ち，種多様性である．ある生物が絶滅すると，それを餌として利用していた捕食者の個体数の減少，あるいは食べられていた餌生物が大発生するなど，種類間のバランスがくずれ，生態系の種構成が大きく変わることがある．生態系を構成している種類間では相互の関係は複雑にからんでおり，ネットワークで結びついていることから，1種の生物の絶滅や外部からの侵入は，生態系全体にその影響は及ぶ．特に生物群集に新たに加えた場合，あるいは除去した場合に群集全体にきわめて大きな影響を及ぼすような種を**キーストーン種**と呼ぶ（鷲谷・矢原，1996）[1]．

③生態系の多様性　生態系の多様性は，様々な生態系が隣接し，あるいはある程度距離があっても，共存していることである．異なる生態系の共存が，生物種の持続的生存を決めることにもつながる．猛禽類の中には，営巣場所は森林であり，餌場は草原などの見晴らしの良いところということもあり，両方の生態系なしには，生息できない．「森は海の恋人」と言われているが，これは海と山の生態系が有機的につながっており，一つの有機体として重要な機能を果たしていることを意味する．沿岸の生態系は水中の有機汚染物質を除去して，魚介類の重要な繁殖場所になっている．特に干潟はたくさんの生物の生息場所であり，多くの生物が生息していることによって浄化機能の高い自然の下水処理場とも考えることができる．干潟では多量の有機物があり，プランクトンが発生し，またゴカイやカニなどの底生生物やムツゴロウ，アサリなどの魚介類が生息し，これらの生物をねらってシギやチドリなどの水鳥が集まってくる．森林の生態系は，川に流入する水量や塩類・ミネラル分さらに土砂の流入量をコントロールし，洪水の防止や乾期の渇水を防いで水を供給し，さらに地域的な気候の

制御も行っているが，有機物の供給源でもあり，海と密着した生態系である．有明海の魚介類の減少やノリの不作は，諫早干拓や港湾・空港建設などの公共工事による自然の下水処理施設である干潟の減少や河川上流域のダムや下流域に造られた巨大な取水堰（筑後大堰）などの影響と考えられる．

3.1.1 生物の種の多様性はなぜ重要なのか

私たちの衣食住は，すべて生物に依存しており，食物はもちろんのこと，医薬品の多くも生物の一部か，あるいは生物が生産したものである．合成繊維の発明以前は，衣服のすべてが植物繊維か動物の皮革や毛であった．エネルギーの多くをまかなっている石炭・石油も動植物の死骸からできたものであり，合成繊維もこれらからつくられている．このように，人間の生存には生物の利用が不可欠である．

私たちの食糧の供給は農業に依存しているが，農業では遺伝子の多様性を保つことが，作物の生産性を高め病害虫から守るうえで不可欠である．病害虫や異常気象に対して，異なる耐性を持つ複数の作物品種を同時に栽培すれば，冷害や旱魃，病害虫の被害を小さく押えることができる．逆に単一品種のみを栽培していれば，異常気象や病害虫によって，収穫皆無の被害になることもでてくる．多様な性質を持った作物品種をつくるには，交配や組み換えに使える多様な遺伝子を確保しておくことが不可欠である．野生状態で生育してきた野生種は，生き残るために多面的な耐性を身につけてきたことから，作物に野生種の強靱な性質の源である遺伝子を取りこむことで，品種改良ができるのである．畜産業と林業でも品種改良には，遺伝子の多様性が不可欠である．

現在，生物の減少や絶滅の原因の大部分は，人為的なものであり，生息地の破壊，環境の汚染，外来種の持込み，乱獲などが中心である．

特に生息地の破壊による影響が最も大きく，その原因の多くは公共事業の名のもとに行われる，ダム建設，道路や林道，高速道路，鉄道建設，河川改修，干潟の埋め立てや干拓，廃棄物処分場建設などがある．過去にはさらにリゾート開発・地域開発，石炭や鉄・銅などの鉱物資源の採掘もあった．これらの開発や建設のために，植物の自生地，動物の生息場所や餌場を直接奪ってしまっている．またこれ以外にも，潜在的な生息地を奪うことも，少し長い時間的スケールで見ると絶滅の要因になる．水源地を開発・破壊すれば，影響は上流域だけでなく，広く下流域に生息する動植物の生存まで危うくする．ある生物の生息地がなくなることはその生物に依存していた生物も生きていけなくなるのである．今後，環境破壊が行われなくても，すでに失われた環境に生息していた生物は元に戻ることはないのである．

環境汚染による環境問題は，ある種の絶滅や生存率，増殖率，成長率に悪影響がでる場合があるだけでなく，汚染物質の排出を止めても回復に長い時間を要す．日本近海の岩場に生息する巻き貝の一種イボニシは，船の付着生物を防ぐために使用された有機スズによって，生殖障害が起こり絶滅の危機にある．また，アメリカフロリダ州アポプカ湖のワニ卵の孵化率は，著しく低下した．成体の雄のペニスが極端に小さくなって，生殖不能の個体が増加していることも明らかにされた．その原因は，湖に流入したDDTなどの有機塩素系農薬の影響が疑われている．

一方で乱獲は個体数の減少と減少率の増加をもたらすが，生息地は残ることとから，絶滅にまで至ることは少なく，乱獲を中止すれば回復する可能性がある．ただ極端に数が減少した場合には，近親交配が繰り返されることの悪影響，さらに雌雄がめぐり会えなくなるなどによって増加率が低下して絶滅に至ることも出てくる．

3.1.2 外来種の侵入

外来種の侵入も大きな問題になっている．人間や貨物の移動が大陸間，国家間で頻繁で大量になり，また毛皮や食用のために輸入動物の養殖をはじめたが失敗した，あるいは釣りのために外来魚の放流，ペットブームで購入したが手におえなくなって野生に放つなども含め，本来生息しない種が地域に広がった例は少なくない．

上記のような形で持ち込まれた動物が帰化動物（移入動物）として，それまで生息しなかった地域に人為的に侵入して自然繁殖し定着するようになり，在来種を駆逐する例がでてきている．伊豆大島で戦前つくられた観光用動物園から逃げ出したタイワンリスが野生化して定着した．ここで増殖したタイワンリスが，ペット業者によって島外に持ち出されて売られ，飼い主が逃がす例や自治体関係者によって大島以外の公園などに放たれ，場所によってはニホンリスの生息場所に影響を与えている．

同様な例としてタイワンザルの野生化があり，こちらはニホンザルとの交雑が問題になっている．ニホンザルは日本固有のサルであり，世界のサルの分布としては北限に住むサルとして重要視されている．ニホンザル，タイワンザルとも近縁な種であり，同じマカカ属のサルである．ニホンザルとタイワンザルでは，体形や体色は似ているが，尾の大きさが明白に異なり，前者の 10 cm に対して後者は 40 cm と太くて長い．

タイワンザルは和歌山県にあった私設の動物園が，経営の悪化から，野に放ち野生化して増加している．ところが最近の調査でニホンザルとタイワンザルの混血個体が見つかり，混血個体の増殖が進むと純粋なニホンザルという種が絶滅する可能性のあることが心配されている．外国から持ち込まれたタイワンザルは，移入種問題であるが，混血による遺伝子の攪乱によって「北限のサルとしてのニホンザルの遺伝子が失われる危険性」がある．和歌山県は「このままでは混血が全国に広がり，ニホンザルの種が危うい」として，タイワンザルの扱いについて県民に対してアンケート調査を実施して民意を問い，「捕獲して安楽死」させることに決めた．しかし，全国から「殺すのは人間の身勝手だ」など苦情が殺到しており，対応が難しい問題である．

移入種の問題は近年多数出ているが，その一つである「特別天然記念物に指定されているアマミノクロウサギと持ち込まれた捕食者マングースの問題」は深刻である．鹿児島県奄美大島は「東洋のガラパゴス」とも呼ばれ，多くの希少生物が生息するが，特に奄美特産のアマミノクロウサギ（ムカシウサギの仲間）は，生きた化石と呼ばれる貴重な動物で，原始的な特徴を残すムカシウサギの仲間で世界に 3 種しか残っていない．奄美大島ではハブの駆除のために 1979 年，捕食者であるマングース（ジャコウネコ科）を 30 匹移入したが，天敵がいないことから爆発的に繁殖した．そのためマングースは，アマミノクロウサギをはじめ，絶滅危惧種であるアマミトゲネズミ，アカヒゲ，バーバートカゲなど手当たり次第に捕食しており，このままでは島の希少動物は，絶滅の危機にさらされており，早急な対策が望まれている．一方で目的のハブ駆除の効果は上がっていない，これと同様の問題は沖縄本島でも起きている．ハブ駆除用に導入したマングースによって，国の天然記念物であるヤンバルクイナ（鳥類）の捕食被害と減少・絶滅が懸念されている．

3.1.3 熱帯多雨林

熱帯林は，およそ南北回帰線の間にある熱帯地域の森林で，最も寒い月の平均気温が 18℃ 以上あるところである．熱帯林は降雨の量と期間によって 3 つに分けられ，降雨量の多い順に熱帯多雨林，熱帯季節林，サバンナ林と呼ばれる．

熱帯雨林（熱帯多雨林，熱帯降雨林）は 1 年中降雨量が多く，常緑広葉樹の高木が何層にも層状に茂り，最大樹高 50 m 以上になっており，次に 30 m レベルの木に覆われている（図 3.1）．さらに何層にもわたって凹凸のある樹幹が図 3.2 のように分かれてアクセントがついており，日本の森林のように樹冠が揃っていることはない．熱帯多雨林の構造を有名な博物学者のフンボルト（A. Humbolt）は，「森の上の森」と表現している．高木層の枝葉は樹冠を形成し，樹木の幹にはツル植物が気根を巻きつけ，樹木の枝にはシダ，ラン，アナナスがつき，下層は低木が光と場所を求めて競争している（図 3.2）．

図 3.1 熱帯多雨林（大澤直哉撮影，1997）

図 3.2　熱帯多雨林における植物群落の階層構造
ブルネイの低地常緑フタバガキ雨林の植生断面図．60×7.5 m ほどの山の尾根の調査区．標高 4.5 m 以上のすべての樹木が示されている．右端の部分を除いて成熟相（極相）にある．

熱帯季節林は，乾期になると落葉する樹種が混じり，樹高も立ち木密度も低くなり，季節的影響を受ける森林が熱帯季節林である．さらに乾期の長い地域では，閉じた林冠を持つ森林はなくなって，まばらに生えている小高木の下に草本が密生するサバンナ林となる．

A．熱帯林の価値

熱帯林には多種多様な動植物が生息し，少なくとも地球上の生物種の半数が存在すると言われている．熱帯林は，生物種の多様性の価値とともに，熱帯多雨林の生物から得られた医薬品や工業原材料，用材，薪炭材，など多くの資源が得られている．さらに多くの生物種の持つ「遺伝子」は，「遺伝子資源」として農作物の品種改良や医薬品の開発などに用いられ，さらにその可能性が拡大しており，熱帯林は人類に限りない恩恵を与え続けている．

熱帯の植物からは，20 世紀の医学的奇跡をもたらした成分が多数発見されており，抗ガン剤を含む多数の特効作用を持つ物質が発見される可能性が示唆されている．全米ガン研究所で調査した抗ガン性を持つ植物3,000種のうち70％は熱帯多雨林の植物である．マダガスカル島産の熱帯植物であるツルニチソウの研究によって主に子どもを襲うリンパ球白血病の軽快率が著しく高くなっている．また熱帯のツルニチソウ類は，悪性リンパ腫の一種であるホジキン病の治療に革命を起した．これらは，現在研究された1％にも満たない熱帯植物の研究によって得られた成果のほんの一部である．

熱帯多雨林は生薬の宝庫であり，制ガン剤，神経安定剤，血圧降下剤など多数の薬効を含む植物が存在し，原住民の中ではそれらが利用されていると言われている．さらにヒトに無害で害虫に対して殺虫効果のある物質も多数存在する可能性があると言われている．また優れた食用作物や抗シロアリ性を持つ材木をつくる樹種などが膨大な数で存在する．

B．熱帯林の気体調節機能

もう一つの価値は，地球をとりまく気体のバランス調節機能である．地球上の森林面積は，陸地の1/3を占め熱帯林は森林面積の44％くらいと計算されている．森林は主に，二酸化炭素を吸収して酸素を排出し，大気を浄化する役割を持っている．アマゾン流域の熱帯林だけで地球の全酸素の1/3を生産していると言われている．熱帯林の保護は，地球温暖化の原因物質の二酸化炭素を削減するうえで重要である．熱帯林の破壊は私たちにとってきわめて大きな影響があることがわかる．近年の森林伐採と焼畑によって出てくる二酸化炭素は10〜26億トンにもなっており，大部分は熱帯林からの放出であると言われている．放出量の削減とともに，何としても伐採と焼畑をおさえ，これ以上の熱帯林の減少を止める必要がある．熱帯林が失われている原因はすべて人間によるものであり，焼畑農業，過放牧，薪炭材，商業伐採，森林火災などであり減少は止まっていない（図3.3参照）．これらの原因の背景には，途上国の人口増加問題と貧困が関係しており，日本は商業伐採原因のかなりの部分に関係していることを忘れてはならない．近年，森林再生のための植林がはじまり，熱帯林の適正な開発と保全のための「熱帯林行動計画」が進行している．日本も参加しているが，これまでの無秩序な熱帯資源購入を反省して，今後さらに人材，資金，技術の提供と積極的な行動により「地球の生命の森」を再生させる

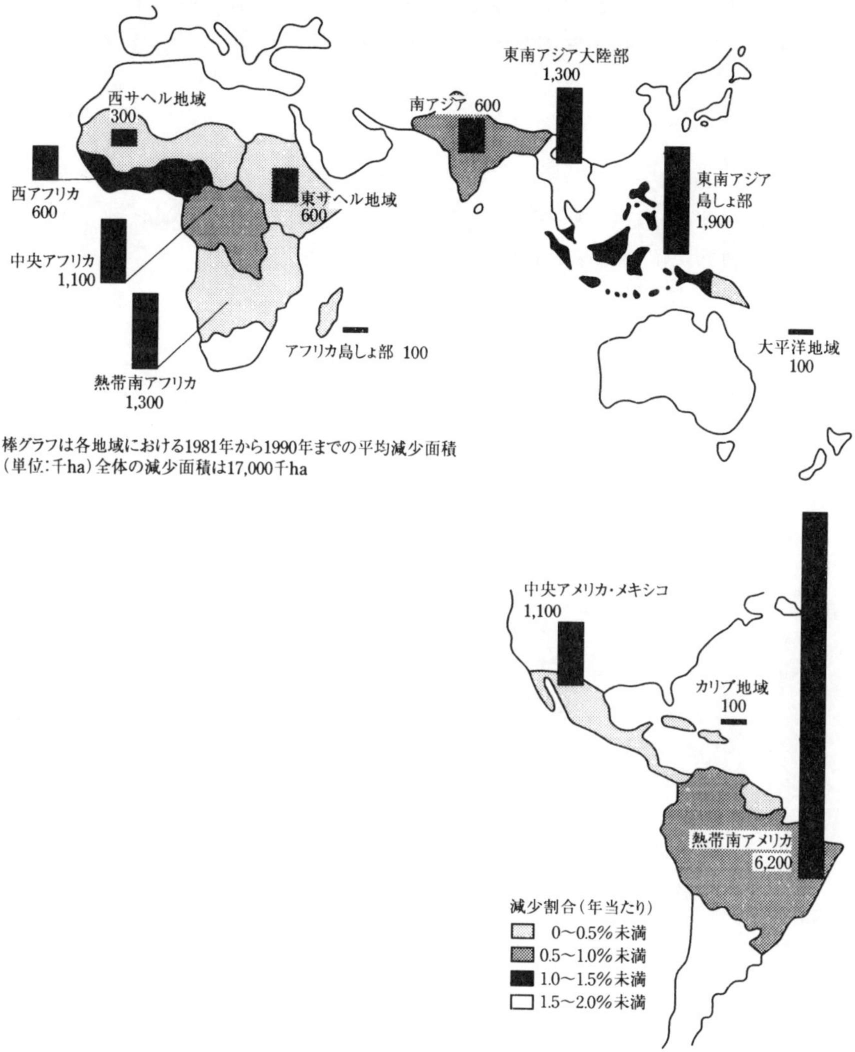

図 3.3　各地域の熱帯林の減少状況
（FAO：森林資源評価 1990 プロジェクト第 2 次中間報告，1991，平岩，2000[2] より）

ために貢献する義務がある．

アマゾン流域の貴重な熱帯多雨林を残すために，ナショナルトラスト（national trust）運動による環境スワップ（debt swaps）が進められている．ブラジル政府との間で先進国市民達が，いわゆる「対外債務の自然保護払いに関する協定」によって債務と引き換えに年間1億ドルの資金を，環境プロジェクトにあてることに同意している．

文　献

1）鷲谷いずみ・矢原徹一：「保全生態学入門」，文一総合出版（1996）
2）平岩外四監修：「地球環境 2000-01」，ミオシン出版（2000）

第4章

森林と生態系

4.1　森林の生物多様性

森林は物質の循環系を成す生産者である植物と，消費者である動物，分解者として土壌中に生息する土壌動物（soil fauna）や多くの土壌微生物の活動が活発に行われ，多様な生物の生息場所である．森林生態系は，その立地状況や環境の多様さも含めて，地球上のいろいろな生態系の中でも最も複雑な系の一つである．また森林生態系は，物質の循環系の構成者を身近にとらえ観察できるモデルとしても適当な場と言えよう．

森林の生産物は，昆虫や鳥獣類などに餌を供給するだけでなく，動物類の棲み場所をも提供している．一方で，昆虫や鳥獣類は植物の受粉や分布の拡大に重用な役割を果たし排泄物を栄養分として森に還元している．また，森林土壌にはミミズ，トビムシ，ダニ類などの小動物，キノコや菌類，土壌微生物など多様な生物が生息し「生物の宝庫」である（図 4.1）．

土壌の分解生物について見ると，死んだ生物の死骸である有機質の組織や生物の排出物に好んで生息し，可溶性有機物を吸収して生きている．分解者は，消費者の残した有エネルギーを成長や代謝に利用し，有機物を無機物に分解して生産者である植物が利用できる形の無機栄養塩類を，環境に還元することから還元者（reducer）とも呼ばれる．

有機堆積物，バクテリア，菌類および土壌動物の間は，分解型食物連鎖でつ

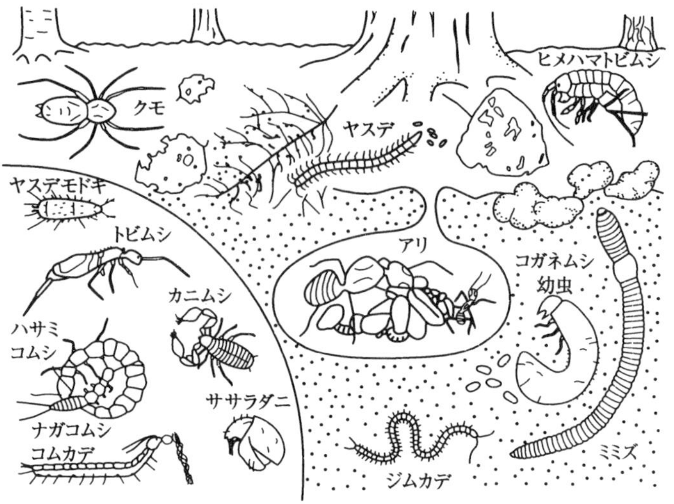

図4.1　森の土中の分解者（新島，1988）[1)]

ながっており，食物連鎖網を構成する．その関係を概略的に見ると次のようである．

枯死した植物組織をミミズが摂食し，成長・繁殖するが，⟶このミミズの死体や排出物を分解バクテリアが利用する．⟶あるいは，落ち葉や枯れ枝は，まず菌類が利用し，⟶この菌類をトビムシが食べ，⟶さらにトビムシを捕食性のダニやムカデが食べる．⟶これら捕食者が死亡すると分解バクテリアが分解して利用し，無機栄養塩類にする．

生態系の中で，環境と生物の間の物質循環において，分解者は重要な役割を果たしており，分解者の働きによって，生産者や消費者の死体である有機物から，栄養塩類・その他の無機物質が環境の土壌や水に放出される．その栄養塩類は，植物に取り込まれ，生物群集を通って再循環する，その状況を目で見て実感できる場所として森林生態系をとらえることができよう．

森林は図4.2に示すように複雑多岐にわたる機能を持つが，その中でも近年見直されているのが，地球温暖化の原因になる二酸化炭素の吸収・貯蔵（制御能力）や気温・湿度の調整を含めた気候の安定化であるが，防災機能，緑のダム機能（水を保持する保水能力），水の浄化能力，健康・保健にかかわる機能

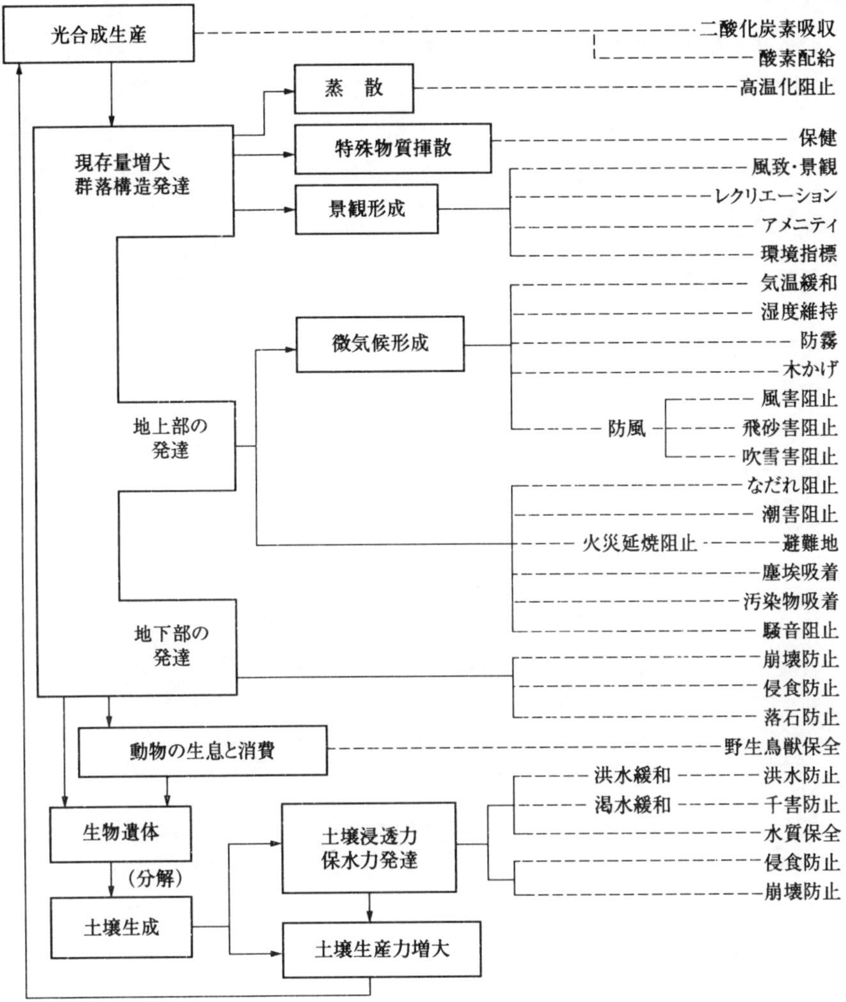

図 4.2　森林生態系の活動と環境保全的効果の位置づけ
(只木・吉良，1982[2] による)

森林浴なども重要である．

森林の光合成能力は，他の生態系に比べて大きく，陸上植物の有機物生産量の 60 %強を占めている．それは樹木の葉の空間配置が生産上有利になっており，さらに生産物を蓄える蓄積器官としての幹を有すなどの特徴によるものである．

樹木は光合成で合成した炭水化物（セルロース）を幹に数十年，数百年という時間単位で蓄積できることが上げられる．この長期間の蓄積に重要な役割を果たしているのが高分子化合物であるリグニンであり，リグニンによって腐朽しにくく，強度を増しながら高く大きく生長することができ，エネルギーを蓄えられるのである．

4.1.1 環境資源としての森林

A．森林の持つ公益的機能

少し古いが林野庁は，1985年に山林の役割について以下に示すような試算を行い，水資源の涵養，土砂流失防止，酸素供給・大気浄化，さらに保険・休養などの項目の公益的価値は年間30兆7,100億円生み出していると試算している．

水資源涵養	3兆6,800億円
土砂流失防止	6兆8,800億円
酸素供給・大気浄化	15兆4,700億円
保健・休養	4兆6,800億円
計	30兆7,100億円

とかく金銭に換算しないと，自然はタダと考えがちな私たちには参考になる数字かもしれない．これは，「水源税徴収」を考えた林野庁がその根拠を示すために試算したものである．

B．森林の温度調節機能

森林における自然の営みをエネルギーの視点から見ると，森林にふりそそいだ太陽エネルギーは熱として吸収される．吸収されたエネルギーは，オーストラリアの夏の日中におけるマツの造林地を例に見ると，71％は潜熱（蒸散，蒸発によって水を蒸発させるのに使われる）として消費され，残りの26％は大気・土を暖める熱となり，光合成による化学エネルギーへの移行は3％を示しているが例外的な値である．他の樹木の例では，光合成による化学エネルギーへの移行は測定上に示されないくらい少なく，極わずかである．水の蒸発による気化熱として使用される割合が2/3以上と多いために，森林の地表温度は裸地ほどに上昇せず，樹冠と地表の間の空間温度は日中でも森林の外に比べて気温や湿度の変化の小さい独特の気候が形成されている．

表4.1　森林の内と外の地温（川口，1970）

	最　高 (°C)	最　低 (°C)	較　差 (°C)
森　林　外	28〜30	−5〜−14	35〜42
森　林　内	17〜22	−2〜− 9	20〜28

地表が樹木で覆われた場合と裸地状態では，温度・湿度とも著しく異なることが知られている．川口（1970）の調査結果によると，表4.1のように森林内では温度変化が年間を通じて小さく，冬暖かく夏涼しい傾向が見られ，森林の外とは明らかに異なる温度変化が見られる．地表面がコンクリートやアスファルトで覆われたところでは，潜熱に使われるエネルギーが少ないことから，日中の気温はより高くなる傾向がある．建物などの人工構造物に覆われた都市と森林の日中の気温を比較すると図4.3のようになり，都市と森林の間に大きな違いのあることがわかる．

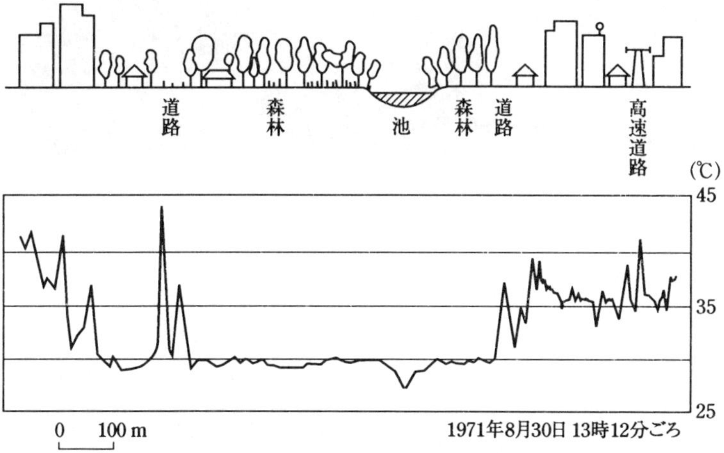

図4.3　都市と森林の日中の気温の比較（大谷，1988）[3]

これは単に森の気温が低いだけでなく，周辺の都市域に対する影響としても働き，**オアシス効果**と呼ばれ，都市全体の気温の上昇をおさえることが知られている．このような森の働きからみて，ヒートアイランド化している都市部に少しでも樹木が増えることは，景観の問題だけでなく都市部の微気象的面からも好ましいことである．都市部のヒートアイランド化を緩和し，大気の清浄化の二酸化炭素吸収効果などを目的として，大都市を中心に屋上緑化が推進されている．アクロス福岡（1995）やさいたま新都心の「けやきひろば」(2000)は，代表的な屋上庭園の例である（図4.4）．

図4.4 屋上庭園の例（さいたま市，西村和子撮影，2002）

東京都では，2000年に「自然保護と回復に関する条例施行規則」と「緑化指導指針」の緑化基準を改正して建物緑化（屋上緑化）を加えた緑化指導を開始し，その他の自治体でも同様の動きがある．屋上緑化によってヒートアイランド現象を緩和する，ビルの省エネルギー，大気浄化や二酸化炭素の吸収による温暖化対策，都市景観の向上，緑とのふれあい，自然性の回復などの効果が期待されている．東京都では，都内の緑化可能な屋上面が2,300 haあり，そこがすべて緑化できれば夏の温度が3°C下がるとの試算もされている．また，緑の減少で夏場の最高気温が約1.4℃，都市活動に関係した排熱により0.4℃程度上昇しているとの推定があり，その対策として建物緑化は有効である．

さらに屋上の緑化によってガーデニングの場，家庭菜園にもなるし，癒し効果，自然保護効果も期待でき，鳥や昆虫の生息場所の提供としてのビオトープにもなる．

C．酸素の供給と二酸化炭素の吸収・固定

森林には酸素の供給と大気の浄化機能のあることは知られているが，これをお金に換算すると15兆4,700億円としている．また，森林の樹木は，大気中の二酸化炭素を取り込んで，光合成によって樹幹，枝，葉，根に固定した炭素を蓄積する．光合成の過程で二酸化炭素を吸収し，固定しているが，わが国の森林は，エネルギー消費による排出量の約20％の5,400万トンを吸収・固定しているとの試算がある．地球全体で森林破壊が進んでおり，1年間で1,540万haの森林（日本の国土面積の約4割に相当）が消失している．

D．名水と森林

近年，森林の水に対する役割が単に水の濁りだけではなく，目に見えない水質にも関係することが明らかにされてきている．スモッグや酸性雨に代表される大気汚染に伴う降雨の汚染さえも，森林はある程度きれいな水に浄化して，川に流すことが明らかにされた．

「おいしい水」の条件は，よく澄んでいて変なニオイや味がせず，適度にカルシウムやマグネシウムなどのミネラル類，さらに二酸化炭素と酸素が含まれた，冷たい水であることがあげられる．名水と呼ばれる水の多くは山奥や山麓の湧水であるが，もとをただせば普通の雨水である．しかし，森林の土の中を通って湧き出すまでに変身して「おいしい水」になるのである．つまり，森林の土壌は粘土や砂，有機物が混じりあっていて，大小様々な隙間が網の目のようにあり，そこを水が通るときに水の中のゴミは途中でひっかかり浄化されていく．さらに細かなゴミも土中の粘土や有機物に引かれて吸着されて水はキレイになる．吸着されたゴミは土中の微生物や小動物が有機質のゴミやニオイの成分を食べて分解し，ガス状にして放出するあるいは植物の養分に変える．ミネラル分が過剰な水の場合には，水に溶けたミネラルのイオンは土中の粘土や有機物のイオンに引かれて動きがゆっくりとなり，その間に微生物や根に吸収

されたりして減少して適度な濃度に調整される．クロムなどの重金属やリン酸イオンは粘土や有機物によく吸着される，水はキレイになるが土壌が汚染する．森林の湧水は地温の変化は小さいことから，夏は冷たく，冬は温和な地下水として湧き出すのである．これらのことが総合されて「おいしい名水」となるのであり，森林なしには「名水」は生まれてこないのである．

4.1.2 各種の防災機能

A．緑のダム機能

森林は緑のダムと言われるが，これは洪水を緩和する機能と貯水機能を持っているためである．この機能の一つとしては，降った雨が地上に達するまでの時間と量が，森林の茂り具合と樹種によって大きな差になることがある．つまり降った雨の一部は，木の枝・葉・草によって捕まり，そのまま蒸発して大気中に戻され地上に到達しないこと，および地上に到達するまでに時間がかかることから洪水のピークが調節されることである．樹木からの水分蒸散量は，大きく，土壌中の水分も消費されることから流出水はかなり抑えられる．

もう一つは，森林の土壌状態と保水性や浸透速度が関係する．森林の土壌には落ち葉や落枝などが分解されて出来た有機物である腐食土が大量にあり，これらを中心に孔隙の多い団粒構造が発達している．さらに木の根に沿った隙間や小動物の通路，根の腐った跡などが水の通路となっている．これらが透水性や保水性を持ち，地表面の落ち葉や腐植が土壌の浸食を防ぎ，目詰まりをおさえて土壌の浸透能力を維持し続けている（表4.2）．

このようなことから森林に覆われた山では，大量の雨が降ってもすぐには川に流れ込む水量が増加せず，川に土砂が流れ込むことも少ないことから水の濁りも小さく，濁りは短時間で回復する．森林に覆われた山を流れる河川は降雨時の増水のピークが低く（図4.5），日照りの続いたときの流水量の減少も小さく，川の流量が安定していると言える．

表4.2 植生の状態と地面にしみ込む水の速さ
（佐藤ほか，1957および吉良，1976[4]）

植　生	速度 (mm/時)
広葉樹林	272
針葉樹林	246
草地	191
伐採あと	160
山くずれのあと	99
歩道	11

森林の伐採によって水位の高い時期が長くなり（図 4.5 の破線），伐採前より平均水位が高くなっている（図 4.5 の実線）．平均水位が高いということは，洪水になりやすいともいえよう．森林の洪水緩和機能の調査研究によると，スギとブナの混じった林の調査結果では，伐採後は 100 mm 以上の大雨が降った場合，林のあったときに比べて川の流量は 1.2 〜1.5 倍，ピーク流量では 1.36〜1.81 倍に増加している．このように数値的にも森林がないと洪水流出量，ピーク流出量は大きく変っており，洪水になりやすいことを示している．このような森林の働きは，私たちが安定的に水を利用する上で不可欠なものである．「治山治水」というように山の森林を治めることと水の管理は，私たちの生活にとって重要であることを改めて認識すべきである．

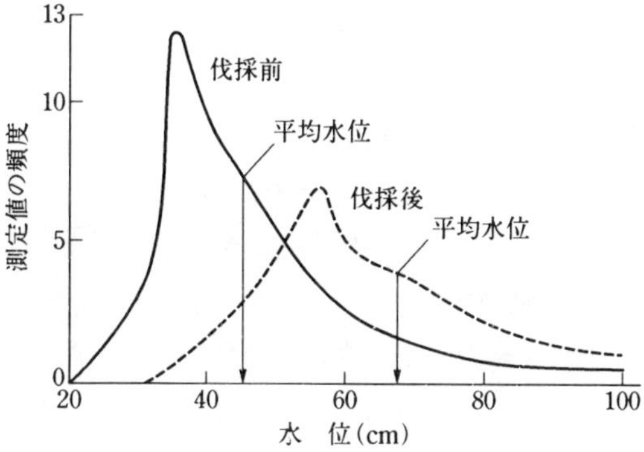

図 4.5 森林伐採による河川流量変化の一例
（白井ら，1954 および吉良，1976 より）

B. 防 風 効 果

樹木の防風効果は，古くから利用されており，風の害から耕地や家屋を守るために日本各地で**屋敷林**と呼ばれる人工林を家や集落の周囲につくってきた．防風林は，壁のように完全に風をさえぎるわけではないが，幹や枝，葉の組み合わせによって風速を弱め，風下に大きな空気の渦をつくらないことから，人工的壁よりはるかに優れた効果をあげている．防風林による風速の減少効果や範囲は，林の密度や樹種，樹高さらに樹形などによって異なるが，およそ風上側では樹高の 2 〜 3 倍，風下では 20 倍くらいの範囲まで減少効果があり，丈

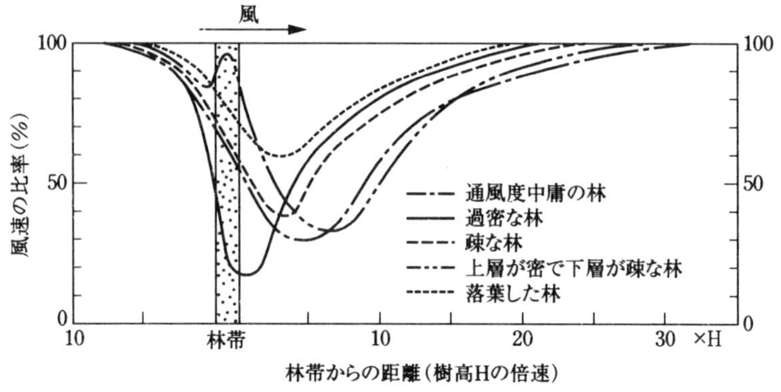

図4.6 各種の通風度を持つ林帯の防風作用（樫山，1978[5]より）

の高い防風林ほど広い面積を風から守ることができる（図4.6）.

C. 魚付き林

江戸時代から明治にかけては，船頭，漁師は山の木を大切にし，植林も行っており，「山奉行は海辺の森林は漁のためになるから大切にするように」と「森林が海の幸にとって重要」と位置付けてきた．先人は「森林の腐葉土を通ってきた河川水には，植物プランクトンや海藻の生育に欠かせない窒素，リン，さらにミネラルやケイ素が多く含まれ，魚の繁殖に良い」ことを知っていたのである．植物プランクトンや海藻が豊富な海は魚介類も豊かで，いい漁場である．

魚類の生息と繁殖を助けるための林が「魚付き林」であり森林法によって指定されてきた．海岸近くの森林のあるところを魚類が好む性質を利用して，山の海向き斜面，湖岸，川岸に森林を育成したものである．港の近くにこんもりとした森があれば，それが魚付き林である．これは森林によって川の水量や水質，水温が安定し，川の水にミネラル類や鉄分などを供給し，水の濁りをおさえるなどの機能によるものと考えられている．しかし，この価値が軽視され森林の乱伐と荒廃が進んできた．森林が破壊されて保水能力，浄化機能が低下すると影響は海に及び，大雨は直接川に流入し，大量の土砂が海に流れ込むと，二枚貝やウニなどの海底で生活する魚介類が死に，沿岸の産卵場所もなくなる．沖縄本島では観光開発により赤土が川から海に流れ込み，サンゴの大量死を招き，北海道では森林を伐採して牧場を拡大した結果，砂漠化が進み，砂塵が大量に海に運ばれ，沖合い 10 km までも赤土が達して，漁場の荒廃を起した．例えば，襟裳岬では魚の産卵場所であり，隠れ場所であったコンブの生育が悪くなり，魚介類が大幅に減少したのである．

平成の時代に入り，ようやく「森林と海のつながり」を再認識する動きが宮城県の畠山氏の著書「森は海の恋人」をきっかけにして全国的に広がり，漁師が山に植林することが話題となった．北海道・襟裳岬の漁師たちは，全国に先駆けて営林署，漁協をあげて山に植林して襟裳の海を復活させた．

4.1.3　健康と森林—森林浴

森林はその静寂さと緑によって心の安らぎを与えてくれ，様々な日常的ストレスの解消に役立つことが知られている．森林浴の効用はいろいろ上げられているが，森の緑は，疲れた目に良く，体の疲れもとれることが知られている．森林にある木々の枝や葉によって騒音を吸収し静寂をもたらし，さらに樹木は大気中の汚染物質を吸い込み，吸着して森の空気を清浄にすることから，「森の空気はキレイでおいしい」と言われる．このことに加えて森林の木々から発散される木の香り，**フィトンチッド**の効用が注目されている．フィトンチッドの成分であるテルペン類（生物活性物質）には，私たちの体に活力を与える働きのあることがわかってきた．その働き効能を示すと表 4.3 のようになる．

表 4.3　フィトンチッドの働き効能（谷田貝，1995[6] より改変）

成　分	働　　き	成分を含む植物
α - ガジノール	虫歯予防	ヒノキ
カンファー	局所刺激，清涼	クスノキ
シトラール	血圧降下，抗ヒスタミン作用	バラ
チモール	去痰，殺菌	タチジャコウソウ
テレビン油	去痰，利尿作用	マツ類
ヒノキチオール	抗菌作用，養毛	ヒバ，タイワンヒノキ，ネズコ
ボルネオール	眠気覚まし	トドマツ，エゾマツ
メントール	鎮痛，清涼，局所刺激	ハッカ
リモネン	コレステロール系胆石溶解	みかん類果皮，ローソンヒノキ

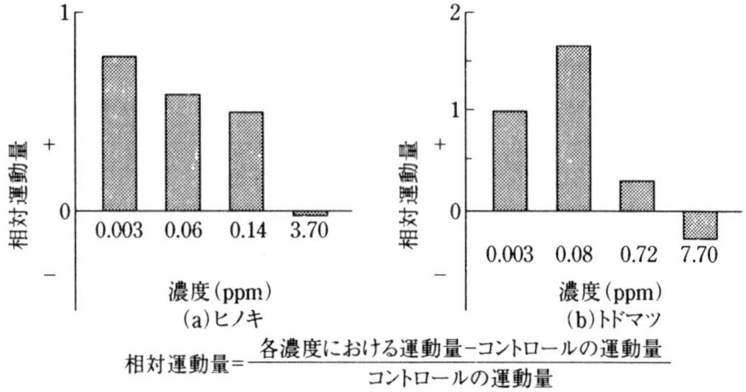

図 4.7 ヒノキ(a)，トドマツ(b)の香りが動物（マウス）の運動量に及ぼす影響（谷田貝，1988）[7)]

また，フィトンチッドの効果は濃度によって異なり，マウスを使った実験では森林の中の濃度に近い 0.01 ppm で運動量が最大になるが，濃すぎる香りではストレスになりマイナスに働くことが示されている（図 4.7）．森林の濃度は薄いが，疲労回復や快適さを感じるに適した濃度のようである．フィトンチッドは多様な物質の総称でありハーブや薬草もその一部と言える．近年流行のアロマテラピー（芳香療法）に使われる物質も含み，アロマテラピーでは植物精油（エッセンシャルオイル）を利用して美容や健康に役立てようというもので，調合した精油を使ってのマッサージや吸入，内服することもある．アロマテラピーで使用している精油は必ずしも特殊なものではなく，昔から効用が知られて使用されてきたものも少なくない．カモミール，ガーリック，シナモン，ジャスミン，バジル，ペパーミント，ブッラックペパー，ラベンダーなどお茶に入れたり，調味料などとして使われている馴染みのものも少なくない．

文　献

1) 新島渓子：森の宝物—土壌動物「森林の 100 不思議」，（日本林業技術協会編）東京書籍（1988）
2) 只木良也：森林生態系というもの「ヒトと森林」，（只木良也・吉良竜夫編）共立出版（1982）

3)　大谷義一：冷房完備の森の中「森林の 100 不思議」,（日本林業技術協会編）東京書籍（1988）
4)　吉良竜夫：「自然保護の思想」, 人文書院（1976）
5)　樫山徳治：森林と風「森林学」(大政正隆監修), 共立出版（1978）
6)　谷田貝光克：「森林の不思議」, 現代書林（1995）
7)　谷田貝光克：健康の源—森林浴「森林の 100 不思議」,（日本林業技術協会編）東京書籍（1988）

第5章

動物の行動

動物は生存している限り，行動し生活しているが，個体の動きは種や個体の維持に密接に関係している．動物の行動は古くから興味が持たれ，様々な観点から研究されてきたがその代表的なものを木村（1993）[1]に基づいてまとめると以下のようになる．

①**行動の意味の研究**　動物の自然環境の中における行動の詳細な観察と，記録を整理して一連の行動パターンを理解する．また行動パターンを起こすのに必要な外部刺激や，生理条件を実験に加えることによってその行動の意味が明らかになる．また同時に，その行動がどのような結果になるかを明らかにすることによって，その行動が動物の生活のなかで，どのように役立っているのかを知ることができる．このような研究は，ティンバーゲン（N. Tinbergen）に代表される研究である．

②**行動の進化の研究**　これはローレンツ（K. Lorenz）が行った研究が先駆的であり，動物の形や性質が進化の過程でどのように自然淘汰され変わったか．変化とともに，行動パターンの進化もあったと考えられる．行動の進化は，化石的にみることができないことから，近縁種の行動を比較することによって，進化の筋道をたどる試みがされている．また社会性の進化の研究では，近年数理生物学的手法も使われている．

③**行動の発達の研究**　これは，個体の誕生から成長して死亡するまでの間に起きる個体の行動の変化をとらえる方法で行われている．発育に伴う行動の変化，あるいは環境の影響によって起きる学習による行動変化のよう

なものもある．生得的な性質と，環境，さらに体内の生理的条件によって，行動がどのようにコントロールされるのかを解明しようとする研究も盛んである．

④**行動の制御機構に関する研究**　これは外部刺激と中枢神経の関係において刺激がどのように処理されるか．また，その結果として，どのような指令が，どの経路をたどって運動系に伝えられるのか，このことを明らかにすることは，局部的運動の制御に限らず，行動の発現機構の解明にもつながる．刺激と行動の中間を結ぶ機構の研究には感覚生理学，神経生理学，内分泌学，遺伝学と多面的分野の研究手法が用いられており，急速に研究が進んでいる．

5.1　行動と生物時計

5.1.1　生物時計と生物の発生時期—概日リズムと生物時計

生物が，生まれつき持っている固有の時間測定機構を，**生物時計**，**体内時計**と呼んでいる．

概日リズム（サーカディアンリズム：circadian rhythm）は，地球や月の自転や公転によってつくり出された環境の変化に由来しており，生理的あるいは行動的な適応であり，生物の進化の過程で獲得されたものである．概日リズムは，約24時間周期（概日とはおよそ1日の意味）で自律的に振動するリズムである．これは約24時間の明暗や温度の変化を経験したことのない，深海や洞穴性の生物を除く，ほとんどの生物で発達している．この概日リズムが遺伝子とかかわることが明らかにされ**時計遺伝子**の存在がショウジョウバエなどでは明らかにされたが，脊椎動物における時計遺伝子の存在確認の研究が進められている段階である．

多くの動物では，1日の活動周期が光によって支配されていることが明らかにされている．不快昆虫のトップに上げられるゴキブリやトコジラミなどは，夜間のある時刻に活動のピークを持ち，昼間の活動は不活発である（図5.1）．これらの活動リズムはおよそ24時間であり，実験的に終日全暗あるいは全明条件に移しても，複眼を除去しても行動の日周期リズムは持続される．つまり，ゴキブリの24時間のリズムは，内因性（endogenous）であることを示している．しかし，このリズムは，脳の視葉の部分を除去すると失われることも含め，概日リズムを支配する体内時計は，哺乳類では眼球の奥にある脳の視神経交叉の真上にある視交叉上核と呼ばれる神経細胞群にあると考えられている．

また，鳥類や爬虫類では松果体が体内時計の役割を果たしている．アルツハイマー病にかかると視交叉上核のニューロンが激減することが知られており，これによって睡眠リズムが崩れることが夜間徘徊する原因の一つだと考えられている．最近，日本の研究者によって時計遺伝子が発見され，地球上の生物は，地球の自転による昼夜の変化のもとで長い進化の過程で，体内時計が遺伝情報として組み込まれたと考えられている．

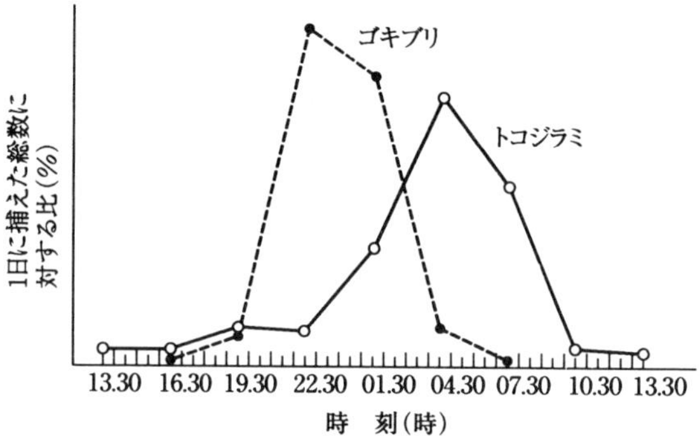

図5.1 夜間活動性昆虫の行動のリズム（伊藤，1988）

5.1.2 ヒトの概日リズムと体内時計

A. ヒトの持つリズム

ヒトにとって重要な生体リズムは概日リズムであり，体内時計によって「睡眠と目覚め」や体温のリズム，空腹と食事，排便などほぼ同じ時刻で繰り返され生活リズムがコントロールされている．ヒトは，24時間周期で生活しているが，体内時計のリズムは25時間周期で動いており，毎日日光（日長の日変化など）によって24時間に再調整されている．このように生体リズムはおよそ1日を周期としたリズムを持つことから概日リズムという．ヒトの実験でも，昼夜の光と温度変化から完全に隔離した条件下では，他の動物の実験結果と同様に，日周期リズムが少しずつ遅れていくことが明らかにされており，25時間の睡眠と目覚めのリズムを示す．ヒトの通常の生活では，体温，血圧，心拍数は午前3時くらいに最低となり，夕方最高になるリズムを示す．体温の日周期リズムは，睡眠リズムと深く関係しており，眠気を感じるときには体温は低下している．

各種ホルモンの分泌される時間帯は，ほぼ決まっていることが明らかになっている．例えば，成長ホルモンは夜間の睡眠中に分泌されるが，「寝る子は育つ」と言われてきたことがうなずける現象であろう．恒常的に活動している呼吸や血液の循環，消化に関係するのは自律神経であるが，日中の活動的な時間帯には交感神経系が働き，鎮静的な夜間は副交換神経系が活発になるが，前者からはアドレナリンが，後者からはアセチルコリンの分泌があり活動をコントロールしている．

B．睡眠リズム障害と対策

前述したように人間の生活リズムは睡眠と目覚め（覚醒）によって成り立っている．ところが現代社会において様々な要素からこの睡眠リズムに障害を来すことがある．これらの睡眠リズム障害として，時差症候群（時差ボケ），睡眠相後退症候群，睡眠相前進症候群，非24時間睡眠・覚醒症候群，交代勤務症候群，などがある．これらの睡眠リズム障害にメラトニンの使用が効果的であることがわかっている．ここではこれらの睡眠リズム障害の中から比較的私たちの身近な問題として，時差ボケのことを中心に述べる．

a．時差ボケ

時差ボケのことを医学的には時差（時間帯域変化）症候群（jet lag syndrome）と言い，ジェット機などで時差が5時間以上ある地域へ短時間で移動したときに起きる．

ヒトの概日リズムはきっちりしており，短時間に飛行機で移動して昼夜の逆転した地域に行っても体のリズムは元のリズムを保つことから起きるのである．

時差ボケと言うと一般には海外旅行時にだけ起きると思われがちであるが，

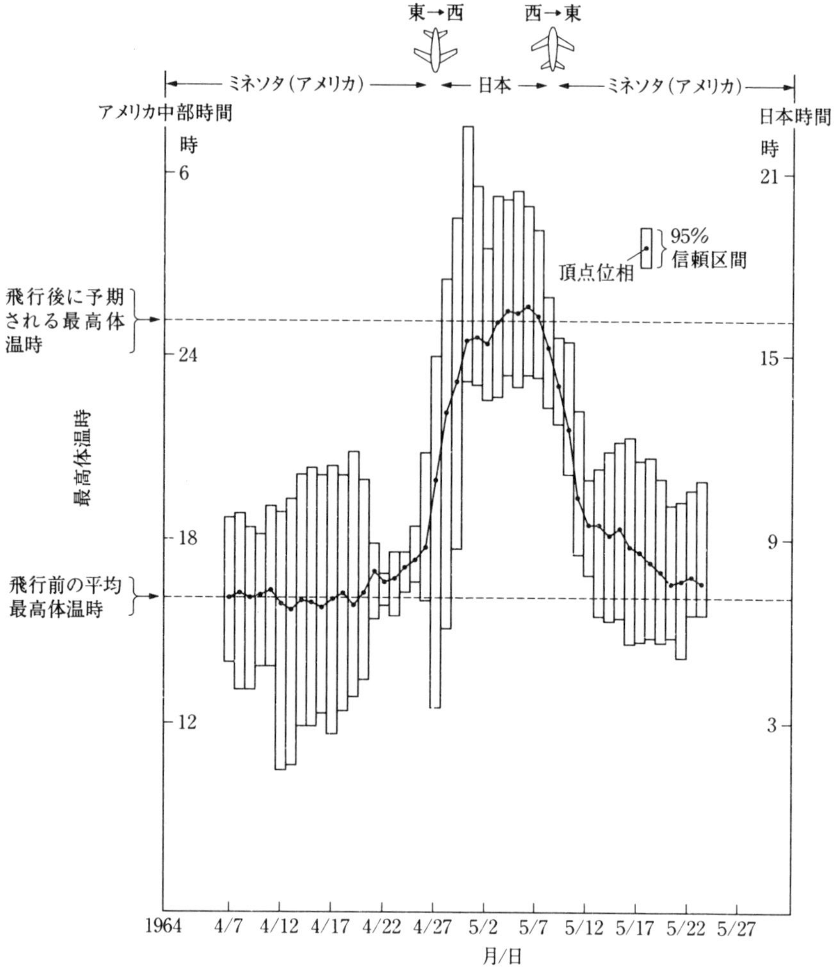

図 5.2 時差 10 時間の日本とアメリカ（ミネソタ）の間をジェット機で移動したときの体温リズムの変化（千葉，1975[3] より）

同じような睡眠リズムの障害は 3 交代勤務や不規則な勤務体制の人，その他不規則な時間割で生活しているすべての人に起こり得ることである（交代勤務症候群，睡眠相後退症候群など）．特にこのような状況に繰り返ししさらされ，さらに高レベルで能力を発揮することが求められている，海外を往復する航空機乗務員などは大きな影響を受けている．

b．交代勤務症候群

また，3交代制勤務で日勤，準夜勤，夜勤を繰り返す勤務でも「交代勤務睡眠障害」という形で影響が現れ，特に夜勤明けで「寝つきが悪い，寝てもすぐ目が覚める」などということになり，夜勤時の「作業能力や注意力低下による安全性への影響」などとして問題が起きることがある．交代制勤務をしている人は日本で全就労人口の現在3分の1ともいわれており体内時計の異常に苦しむ人も少なくないであろう．長期間の交代制勤務の継続によって，消化器症状，心血管系症状，女性では月経異常を起こすこともある．また，昼間眠れないことから，睡眠薬やアルコール（飲酒）を繰り返し服用して依存症にかかる人もでてくるなど軽視できない．このような交代制勤務者の睡眠治療に，夜勤明けの早朝にメラトニンを服用すると効果的であるとの報告がある．

c．睡眠相後退症候群

睡眠相後退症候群は，睡眠時間帯が一般の健康人より数時間遅れた状態が慢性的に続き，睡眠時間を早くできない症状であり，思春期や青年期の昼夜逆転的な生活を示すケースもこれに入る．この症候群では，メラトニンの分泌が遅れている場合が多く，メラトニン投与で睡眠が早くなり入眠も覚醒も正常になる．

d．睡眠リズム障害とメラトニンの効果

最近アメリカでは，いわゆる「時差ボケ」治療にメラトニン使用が，ブームになりつつあると言われている．これはメラトニンが夜間睡眠中に松果体でたくさんつくられ分泌されており，心拍数を減らし，血管をリラックスさせ，体温を下げ，消化管の活動を減らして睡眠を誘発する天然の睡眠薬の作用があると考えられるからである．

メラトニン投与による睡眠リズム障害に対する効果の例として図5.3を示す．通常入眠に障害があるとき，メラトニンを入眠したい時間の15分から3時間前に投与すると睡眠が誘発されるが，全睡眠時間は変化しないことが明らかになっている．このようなことからメラトニンが入睡障害の治療薬として期待されているのであり，時差ボケの治療にも用いられているのであろう．

海外旅行での時差ボケは，ヨーロッパなど西方向（出発地より現地時刻が遅

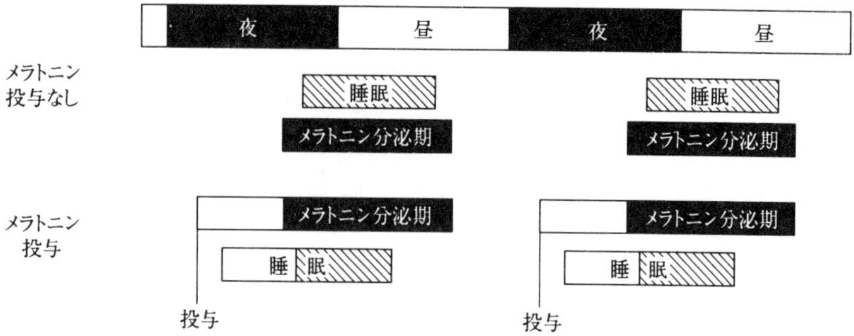

図 5.3　メラトニンの投与と睡眠の関係
(大川，内山，1999[4] を改変)

れている地域）に行く場合には一般的には苦痛は小さい．また，到着した現地での日中に活動して日光に当たると現地時間への同調がうまくいきやすい．西方向に行くことは，行動時間的には「遅寝遅起き型」になることであり，対応しやすいのである．ところが東行きでは「早寝早起き型」になることであり，体は対応し難いためにアメリカ西海岸行き（日本より時間が7～8時間早い，図5.3）やヨーロッパに長く滞在した後の帰国はきつい．つまり，ヨーロッパ時間に慣れた体を「早寝早起き型」に再調整しなくてはならず，ヒトの概日リズムはもともと後の方へずれる性質があることから，渡欧時より帰国時の方が時差ボケが強く出やすい．これに対しては，積極的に調整しないと再調整に時間がかかることから，到着1日目の午前中は日光を避けて部屋を暗くして睡眠を十分とるようにするとよい．またしばらくの間だは，午前中に日光をさえぎる暗いサングラスを着用し，午後から夕方には日光を浴びると時差ボケは軽減される．

人間は自然界の一構成者の動物であることから，当初考えられてきたよりも，光に対して敏感であり，概日リズムの受容という点では，他の哺乳類と基本的に変わらないのである．したがって，文明が発達し，快適な生活をしている先進国の人にとっても，本来の季節的リズムや概日リズムに沿った生活をすることが，健康で文化的な生活を送るための基本であり，自然なことなのである．

5.1.3　病気の時刻表

生体リズムとの関係で，特定の病気と発症する時間帯に関係のあることがわかってきた．これは昼夜で交感神経と副交感神経の働きが入れ替わって，自律神経バランスが崩れて，様々な体内変化が起きることと関係している．いろいろな身体機能が最低になるのは午前3時から5時にかけてのものが多い．風邪などの感染症やガンに対する免疫力を示すナチュラルキラー（NK）細胞の活性も昼間高まり，夜間には低下する．つまり，明け方の時間帯は病気に対する防御能力，注意力を司る中枢神経系のリズムが最低になっているのである．

その結果として，多くの病気が深夜から明け方，午前中に集中して起きているのである．図5.4に示されるように運動狭心症，心筋梗塞，脳梗塞，慢性関節リウマチ，偏頭痛，気管支炎，へんとう腺発熱と集中し，突然死も早朝である．それぞれの病気の起きやすい時間帯を考えて，薬の量と投与時間を決めることも行われ出している．薬の投与時間を変えるだけで，少ない量で2倍，3倍の効果が出，副作用も最小限におさえることができる可能性がある．

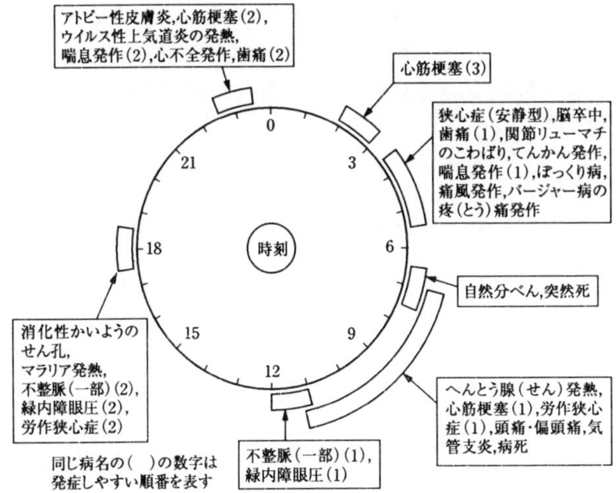

図5.4　病気時刻表
（毎日新聞，1999・8・31　朝刊より改変）

抗ガン剤の最適時間帯投与の試みが行われている．体内リズムを考慮して，最適な時間帯に抗ガン剤を投与すると，激しい副作用を抑制して高い治療効果を得ようとする試みである．最近の研究でガン細胞の増殖にもリズムがあり，昼間の増殖は少ないことから，抗ガン剤投与を少なくし，激しく増殖する夜間に抗ガン剤を増やして，集中的に治療する方法が紹介されている．こうすると，副作用が小さく，効果的に抗ガン剤が使え，治療効果もあがっているという．

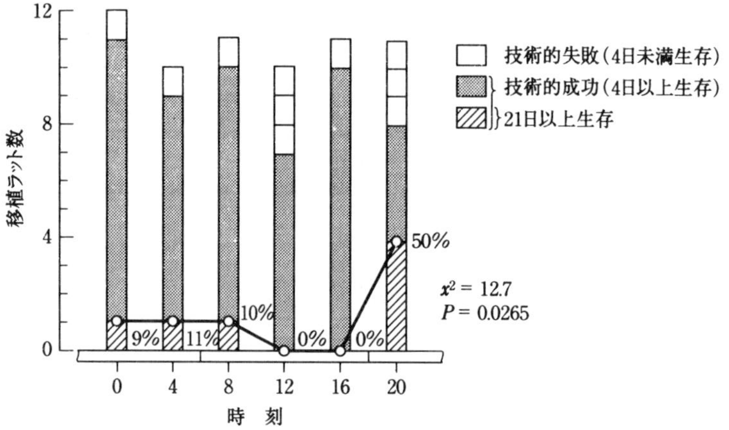

図 5.5 手術時刻とラットの腎臓移植成功率の比較
腎臓移植後のラットの生存率は，手術時刻によって異なる
(Ratt ら，1973，新井，1990[5])

生体リズムを移植手術の成功率との関係で見たのが図 5.5 である．ラットの腎移植では，手術時刻が 20 時の場合に最も長期間の生存率が高く，12 時から 16 時の手術では，いずれも長期間生存した個体はない．

ヒトの腎臓移植 16 例における拒絶反応の出現を時刻的に比較した結果によると，23 時から 11 時にかけて著しく高くなっているなど注目される例が出てきており，診断や治療への考慮が注目されている．内分泌系にも生体リズムのあることがわかっており，ホルモン療法においても，体内のホルモン分泌リズムとの関係を考慮した投与が重要になるであろうと言われている．

また，ヒトの身体機能の頂点は，15 時から 17 時にかけてであることがわかってきた．したがって，この時間帯に重なるスポーツの競技では，世界新記録が出やすいかもしれない.

5.1.4 生物の休眠と生物時計

生物の発生時期は毎年ほとんど変わらず，生物の出現時期によって季節を知ることにもなる．このように正確な出現時期をコントロールしているメカニズムは，生物時計である．生物達は日周リズムの中で昼夜の長さのわずかな変化を正確にとらえて，生活環の調節に使っているのである．秋になり日長が短くなって一定の臨界値に達すると，ある昆虫は休眠に入る．

昆虫は休眠（diapause, dormancy）することによって代謝レベルを低く抑えて，飲まず食わずに厳しい冬の寒さや暑過ぎる夏の季節をしのいでいる．ナナホシテントウは7～8月にかけて夏眠に入るが，休眠に伴い呼吸量が著しく低くなる．

カイコの卵では，体内の生理的変化がみられ，カイコ卵では休眠の開始に伴ってグリコーゲンが減少するが，休眠から覚めると再びグリコーゲンは増加する．これは休眠期にはグリコーゲンがグリセリンとソルビトールに変換されるためであり，休眠の覚醒によって再合成されてグリコーゲンが増加したのである．グリコーゲンの増減は耐凍性（freezing hardiness）と関係しており，不凍液であるソルビトールやグリセリンが，生体内で耐凍性を高める働きをしていると考えられる．

幼虫期や蛹期の休眠は，脳と前胸腺系の不活性化に起因し，蛹の場合は脱皮を促す前胸腺ホルモン（prothoracic gland hormone）であるエクジソン（ecdysone）の分泌がないために羽化が進まず休眠が継続する．休眠は日長条件が関与して，生理的な変化が起こり，ホルモン分泌によって誘起される．日長が使われるのは，温度などと違って，安定した季節変化を示すからである．アメリカシロヒトリの幼虫は，いろいろな日長で飼育して，休眠に入る割合を見ると図5.6のようになる．アメリカシロヒトリは，14時間45分では大部分の蛹が休眠せず，休眠の臨界日長は14時間35分付近にあると推定されている．このようにわずか10分の違いで休眠率に大きな差が出てくる．

また，臨界日長は，温度条件によって大きく変化することが知られている．図5.7はヒメカメノコテントウの休眠率と温度条件の関係を示したものであ

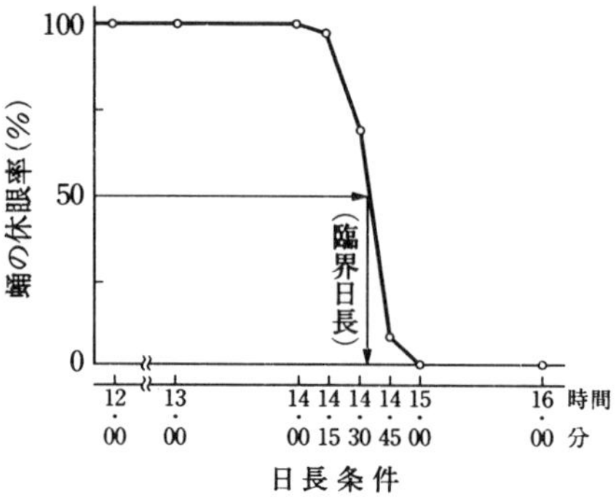

図 5.6　アメリカシロヒトリの光周期と休眠の関係（正木，1974[6]より）

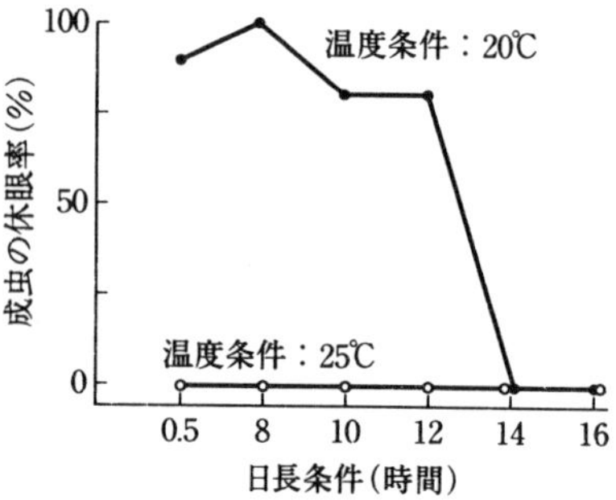

図 5.7　異なる温度条件下におけるヒメカメノコテントウの光周期と休眠の関係（河内，1985[7]）

る．温度条件5℃の違いで，休眠率が短日条件下では80〜100％の差となった．これはヒメカメノコテントウが冬に成虫休眠することと関係するものであり，短日で20℃は冬に向かう時期を示しており，休眠することは当然のことである．ところが，アメリカシロヒトリでは，17℃，20℃の各日長条件での臨界日長は14時間40分と25℃よりも5分ほど長くなり，29℃では14時間10分と短くなった．この日長範囲は，日本の自然条件下におけるアメリカシロヒトリの発育季節から見て問題にはならないと考えられている．

一般に温帯の昆虫にとっては，12時間以下の短日条件は冬のまえぶれであり，餌がなくなる冬季を休眠で切り抜けることは，種の保存のための適応と考えることができる．

5.1.5　哺乳類の冬眠

哺乳類で冬眠する種類として，ハタリス，チョウセンシマリス，コウモリの仲間があるが，冬眠，体重，摂食の3つで年周期的なリズムがみられ，これを概年リズムという．鳥類の場合，ウグイスの仲間では換羽と活動性，体重の3つが10ヶ月の周期を示す．ムシクイ科の鳥でも換羽と活動量のサイクルは約10ヶ月の周期である．鳥類の春の営巣・交尾産卵や渡りの時期は季節変化と深くかかわっている．アヒル，カナリア，スズメの産卵は，春であり，これは冬至から春分にかけてみられる日長の明暗サイクル，つまり，光周期の微妙な変化が関係している．鳥類は，光周期性の微妙な変化を視覚から脳でとらえ，脳下垂体に伝えられるとホルモンが分泌され，生殖腺の発達が促され，その結果として交尾し産卵するのである（図 5.8）．

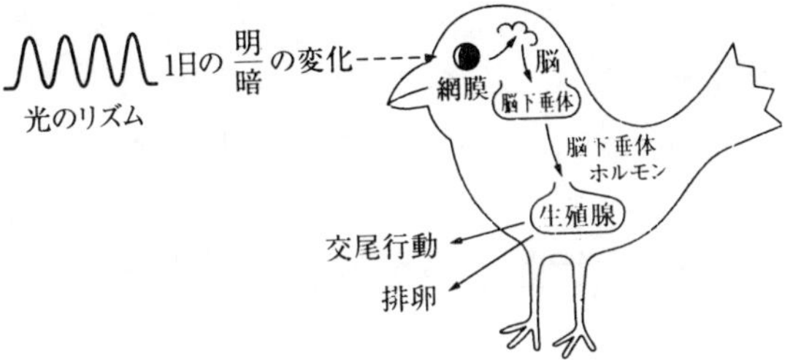

図 5.8　鳥類の排卵と光刺激との関係（伊藤，1988[2)]）

哺乳類の繁殖活動は，日長の長くなる春にみられるイタチのような動物と，短日になる秋にみられるヒツジやシカのようなタイプがあるし，またツキノワグマのように，冬眠中に産子するものもいる．これらの動物では，鳥類と同様に光周期の変化が網膜を通して脳で捉え，視床下部からの刺激が脳下垂体に伝えられ，性腺刺激ホルモンが分泌されて繁殖活動に入る．高等な哺乳類では外部環境とは必ずしも関係しない固有のリズムを持った排卵を伴う発情周期がみられる．排卵周期は，ハツカネズミで 4 〜 5 日，モルモットでは 15 日，さらにヒトでは約 28 日である．

恒温動物（homeotherm, homoiotherm）は環境の温度が変化しても体温を維持することができる．冬眠中には体温を低下させるが，下限があって，種ごとにほぼ決まっている．環境温度がマイナスになっても，自動的に目覚める機構を持っていて体温がマイナスになることはなく，これは変温動物（allotherm, poikilothermal animal）と著しく異なる点である．冬眠時の臨界温度は，シマリスで 8℃，ポケットマウスでは 12℃ である．恒温動物は，このように低体温で冬眠していても必要なときには短時間で平常体温を回復できる．このような可逆的な低体温状態を一般に冬眠と呼ぶ．

冬眠に入る前段階には，心拍数の低下，呼吸や酸素消費量の低下，血管の収縮，さらに脳下垂体，甲状腺，副腎，生殖腺などの活動低下がみられる．冬眠は，単に寒いから動かないという受動的なものではなく，「寒冷で餌の少ない厳しい冬をのりきるための積極的な適応行動」と考えられる．冬眠する動物では，冬眠の開始と平行した体重の増加がみられ，体重のピーク時に冬眠に入るようである．しかし，餌を制限して体重増加をおさえても，冬眠に入ることから，体重増加が必須条件とはいえない．ヒトは冬眠しないが，基礎代謝量の季節変動があり，代謝量は春夏に高くなり，冬には低下する．この変動には，甲状腺ホルモンが関係しており，冬眠する動物との共通点がある．

5.2 行動と遺伝的要因の関係

5.2.1 遺伝的要因と行動

A．遺伝子と行動

行動の遺伝学を考えると，形態学的な形質遺伝と同じように考えることができる証拠がある．行動は感覚器官，神経系，筋肉，その他体の各部分における相互作用の結果としての行為である．行動において，これらのどの部分が変わっても影響を受けるのである．例えば，エンマコオロギの雄は，鳴き声で雌をひきつけるが，ハネの筋肉にいく神経インパルスのパターンが変化すると，鳴き声が変わって雌を呼べなくなる．また，神経インパルスが同じでもタイミングが違えば，鳴き声が異なり雌をひきつけることはできない．鳴き方の異なる2種を交配すると，両種の中間の鳴き方をする雄が生まれる．すると交配した2種いずれとも異なる鳴き方になり，雌をひきつけることができない．遺伝子が行動に影響を与えたのである．

しかし，行動の遺伝はこれほど単純なものばかりではなく，幼少期にどのように扱われたか，あるいはどのような環境にいたかなどが，成体になってからの行動に遺伝因子と同様に影響することがある．ある系統のマウスは他の系統より攻撃的であり，すぐに他個体を追いかけまわし，喧嘩をするものがある．一方で，めったに追いかけまわしたり，喧嘩したりしない系統のマウスもおり，これは遺伝的なものである．非攻撃的な系統のマウスは，攻撃的母親に育てられても，遺伝的におとなしい親と同様に攻撃的にはならない．一方で幼少期の経験が問題になる場合もあり，どのような経験をして育ったかで，攻撃性の強弱に差となって出ることもある．

コハナバチの一種は，巣穴の入り口に門番のハチを配置し，特定の個体しか巣の中に入れない．この巣穴に「入れるか，入れないか」の区別はその個体との血縁の近さと直接関係しており，同父母，姉妹は間違いなく許可されるが叔母，姪，従姉妹の場合は血縁の程度に正比例して阻止されたりされなかったりする．門番が一度も会ったことがなくても姉妹は遺伝的近さに応じて許可を出す．これは個体間の遺伝的な差異が微妙なニオイの差となっているものと考えられている．近縁なほどニオイが似ているものと思われる．血縁者の認知を，ニオイの遺伝的な変異となじみのニオイの学習との組み合わせによって達成しているのである（図5.9）．

一般に「遺伝子と行動に関係がある」と言われると遺伝子によって行動が支配され，「生まれ持ったどうにもコントロールできない現象」のように考えがちであるが，そうではない．例えば，フェニルケトン尿症という遺伝子によって起きる遺伝病がある．これは両親の両方からこの遺伝子を受け継いだ子どもが発症し知能の発達が著しく悪く，10歳に達するまえに死亡することが多い．この病気は遺伝子によって発症するが，通常アミノ酸の一種であるフェニルアラニンはチロシンに変換されるが，この変換する酵素が産生されないためにフェニルアラニンが脳に蓄積すると，フェニルケトン尿症になるのである．しかし，出産後の早期に発見してフェニルアラニンを含まない食物で育てれば，フェニルアラニンは脳に蓄積せず子どもは正常あるいは正常に近く育つ．つまり遺伝子は持ち続けるが，環境の簡単な改善（環境の操作）で問題を和らげることができるのである．

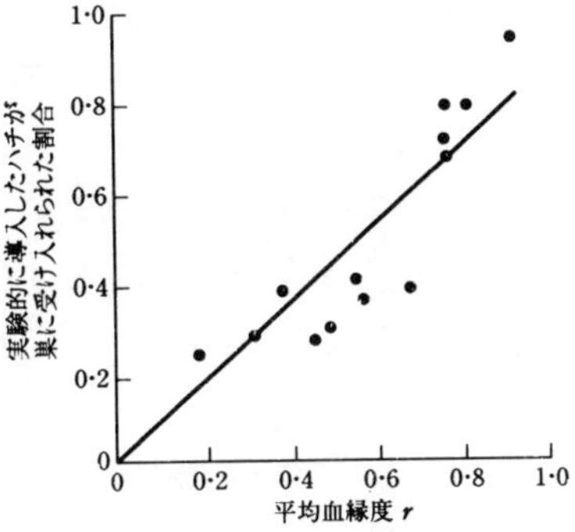

図5.9　カタコハナバチの血縁濃度と巣穴への受け入れの関係（リドゥリー・中牟田，1988[8]より）

他の例として，マウスが迷路を通り抜けて餌にたどりつく能力についての実験である．いくつかの系統のマウスで実験すると，ある系統のマウスの場合すばやくこの迷路の課題を学習したが，この段階ではその違いは飼育環境の差によると思われた．同じ迷路実験を「玩具やよじのぼりのできる豊かな環境」で飼育したいくつかの系統のマウスで追試したところ，学習能力がすべてのマウスで改善された．しかし，この条件のなかでもある系統のマウスは他の系統に比べて非常に早く学習し，その学習能力の差異は遺伝的なものであることが考えられた．通常の標準ケージで飼育して行った実験では，この早く学習する系統のマウスは能力を発揮せず，学習の能力差は小さかったが，「豊かな環境」での飼育によって学習能力の遺伝的差がはっきりしたのである．遺伝的な差は状況によって現れたり，現れなかったりするようであり，それを発現するには，特定の環境が必要なのである．

B．遺伝はすべての行動を支配するか

遺伝的な差異は「必ずしも変化しえないものでも免れ難いもの」でもないことがわかる．遺伝的な差異は，環境を変えることによって「変更されることや緩和されることも，あるいは逆転する」こともあるのである．遺伝子は，行動やそのほかの個体間に観察される差異に寄与していることは事実である．しかし，その役割は「神聖にして侵すべからず」というものではなく，その影響は大きくも小さくもなり得るし，また環境の影響についても全く同じことが言える．

遺伝的差異と生得的差異はほぼ同じ意味で使われることがあるが，その差異が「環境によって変わることがない」と考えるのは誤りである．差異が「遺伝子の中にある要因」であるかもしれないが，それが「環境による要因」よりも固定的ということにはならないのである．

ローレンツは行動の発達に影響するものは「生得的（遺伝的）要因」と「学習（模倣，条件づけ）」の2つの要因だけとしたが，そう単純ではなく，「学習」以外の「環境の影響」も考慮する必要がある．個体間の差異が遺伝的とは言えるが，ある個体における行動の発達が全面的に遺伝によるとは言えないのである．遺伝子が体をつくりあげるには，環境が必要であり，体ができあがらなければ行動できないのである．つまり，あらゆる行動は遺伝的要因と環境的要因の両方に負っている．遺伝的に決まった固定的な行動パターンを，**生得的**

(遺伝的)行動と呼ぶ.

5.2.2 動物の行動と学習

動物が行動するには，環境に対して適応的に機能するために，環境についての詳細な情報を得る必要がある．動物はこれらの情報を遺伝的情報と環境に対する直接的経験から取得する．このうち環境情報は，特殊な具体的なものであり，行動するたびに個々の環境に応じて，行動を微調整するための情報として利用する．多くの動物は，このような行動経験の中で環境に対して「行動を適応的に変える」ための学習能力を持っている．

A．動物の学習

動物の行動が環境に適した生活をするために，環境の変化に応じて遺伝的行動（生得的行動）を修正したり変化させたりする行動を「学習の結果」と考える．動物の行動に特定の変化がみられ，その行動変化が有利な結果をもたらすなら，動物は何かを学習したと推論できるが，「学習とは何か」と定義することは必ずしも容易ではない．行動には訓練，試行錯誤，条件反射，模倣行為などによって変化が起きる．動物では，一般に学習の受け入れ方は若齢期ほど容易であるが，成熟するにつれて難しくなる．しかしヒトでは高年齢まで受け入れが可能とされている．有名な宮崎県・幸島のサルの「芋洗い行動」や，「砂に混じったムギを海で選別する行動」などは若いサルにはすぐに受け入れられたが，成熟齢のサルにはなかなか広がらなかった．このニホンザルの仲間うちで広がった「芋洗い行動」や「ムギ選別行動」は，学習による行動変化と言えよう．行動変化は本能行動と結びついた「刷り込み」も学習の一つであるが，感受期間は短期間に限定されている．

B．さえずりの学習

ズアオアトリを生後２～３日で親や仲間から隔離して飼育すると鳴く持続時間の違いはないが，装飾部位のない単純なフレーズのさえずり（地鳴き）しか発達しない．他個体からの学習が，さえずりの発達に何らかの役割を果たしていることがわかる．また， さえずりを開始するよりも早い段階（生後数ヶ月）で隔離した場合，ある程度正常なさえずりができるようになる．このことは生まれて数ヶ月の間に成鳥のさえずりを聞いておくと，正常に近いさえずりが発

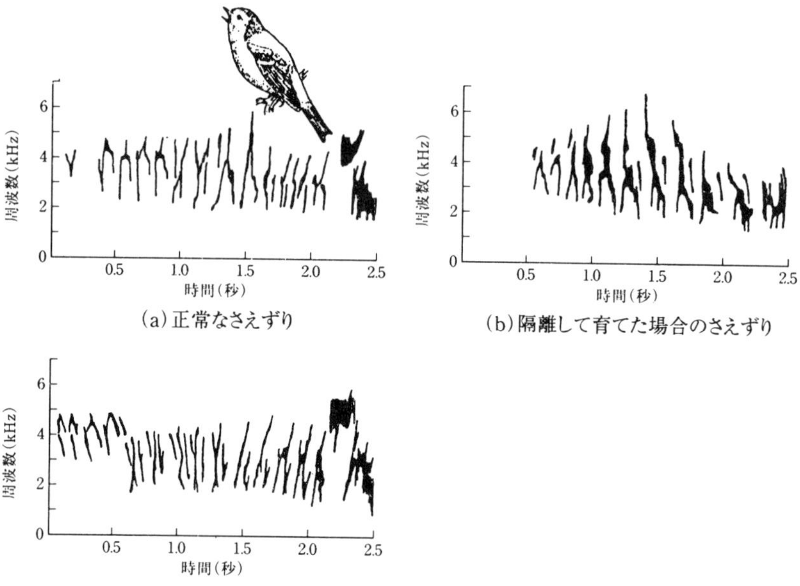

(a)正常なさえずり

(b)隔離して育てた場合のさえずり

(c)初めて歌った若い雄のさえずり

図5.10　ズアオアトリのさえずりの学習に関する実験結果（中牟田，1988より）

達することを意味する．ただし学習時に，他種のさえずりを聞かせても学習せず，明らかに自種のさえずりだけを学習する（図5.10）．

ズアオアトリは，まず何をさえずるべきかを学習し，次にサブソング（単純なさえずり）からフルソング（さえずり）への移行が生じる早春にどのようにさえずるかを学び完成させる．さえずりの学習は，春の可塑的なさえずりの時期に自種のさえずりを聞き，それが以前獲得された鋳型に似ていれば，学習強化されて完成したさえずりになっていく．ズアオアトリの止る木は，さえずりの聞こえる場所のものを好んで止る．一度さえずりを発達させた後で，聴力を失ったズアオアトリは，そのさえずりのパターンを変えることはないのに対して，さえずりは聞かせたがまださえずりを発達させる前に聴力を奪った場合，種の特徴的なさえずりに向かってさえずりを改善していくことができない．

C．学習と記憶のタイミング

上述の鳥のさえずりにおける学習と記憶についてのプロセスを整理すると，

学習には2つの過程がある．その一つは感覚学習であり，もう一つは感覚運動学習である．感覚運動学習は，発声器官（ヒトの声帯にあたる）である鳴管の筋肉を動かして発声練習をすることである．幼鳥はこのプロセスで自分の鳴き声をすでに記憶し，いつも聞いている親鳥の正しいさえずりと比較して修正学習するのである．ところがこの学習では，学習可能な臨界時期のあることが明らかになっている．

例えば，キンカチョウでは，学習の完了しない20〜40日齢でヒナを親鳥から隔離すると，成鳥になってもごく単純なさえずり（サブソング）しかできなくなる．ところが80日齢で隔離した場合には，すでに「さえずり学習」は完了しているために，さえずり（フルソング）には全く影響がない．最も重要なさえずり学習の時期は，孵化後35〜65日齢であることが報告されている．キンカチョウは，孵化後30日頃までは親から餌をもらっており，生後25日くらいから不安定な小声のサブソング練習がはじまる．練習は次第に大声になり歌の構造らしいものが出てきて，プラスチックソングと呼ばれる移行型を経て生後80日くらいまでにフルソングが完成して，生涯同じ歌を正確に歌う．フルソングの学習は，生後25日から80日の歌学習の臨界期に父親の歌を手本にした学習により形成される．この学習プロセスは，キンカチョウだけでなく他の鳴鳥でも基本的には同じである．

鳥の情報伝達には主に音声信号が使われているが，この信号は，「鳴き声」と「さえずり」に分けられる．鳴き声は，地鳴きとも言われ「相手を攻撃する場合や警告を発する場合など」に使われるものであり，学習なしに生得的に出せる鳴き声で，これは孵化直後から隔離されても発することができる．それに対して「さえずり」は学習によってのみ習得される鳴き方である．鳴き声とは，遺伝情報として神経回路に組み込まれているものであり，生得的な声である．

D．刷り込みと学習

刷り込み（Imprinting）は，学習とは異なるものと考えられた時期もあるが，研究が進展するなかで合理的に区別する理由がないとする考えが支配的になった．刷り込みは，動物の子どもが生後の早い段階の敏感な時期における学習の様式である．この学習は，遺伝的に組み込まれたものであり，多くの場合生まれて数時間から数日の間の短期間学習可能期間が限られ，学習内容のレパートリーが決まっている．動物の場合，刷り込みを最も受けやすい時期があり，これを感受期と言うが，この時期は，種や環境によって多様である．マガモのヒナの場合，孵化後10〜15日の間が動く物体に対して最も容易に愛着を示す時期である．

生まれてすぐに走り回ることのできる種の動物の子では，誕生直後に「身近に存在して動くもの」に対して，無差別に愛着を示す．例えば，人工孵化させたマガモのヒナは，ゆっくり歩いているヒト，ゆっくり離れていく箱や雑につくられた模型のアヒルにもついていく**追従反応**を示す．追従反応をひきだす効果的刺激は，マガモの子は黄緑色の物体であり，ニワトリのヒナは青やオレンジ色の物体を好んで追従する．動物の追従反応は，適当な聴覚刺激によって増強されることがわかっており，アメリカオシドリのヒナでは視覚刺激がない場合には，断続的な音の方に向かっていく．当初は広い音域の音に対して反応するが，時間が経過するとなじみのない音は識別するようになる．これは，親鳥が巣の外の少し離れたところからヒナに呼びかけることと関係しているようである．

一般に動物は，ある対象に強い愛着を深めると，他のものに興味を示さなくなる．ヒナが接近すると餌を与えれば，いっそう愛着が深くなる．自然界では母親が最も効果的な刺激を与え，母親は餌を与えてくれ，暖かく包んでくれる．これらの行動は，刷り込み学習の過程であり，これを通して母親への愛着は深くなっていく．

E．刷り込みの長期効果

刷り込みは親子関係に及ぼす影響の他に，成長後の仲間との社会的関係や食物選択，生息場所の選択などの行動面にも著しい影響を与える．多くの哺乳動物にとって初期の経験はその後の社会的適応に役立つことが知られている．例えば，イヌの感受期は3〜10週齢であり，その間に正常な社会的接触が形成される．もし子イヌを，14週齢以降まで隔離して育てると，社会的行動が異常になってしまう．イヌはある鳥の仲間と同様に，ヒトを社会生活の相手として容易に受け入れる．イヌは感受性の高いごく短期間の経験で，飼い主と恒久的な社会関係を持つ動物である．

多くの鳥の性的選好は，孵化後の早い時期の経験に影響され，これを**性的刷り込み**と呼ぶ．ニワトリ・カモ・ハト類などでは，それぞれ種の特徴的羽毛の色があるが，ヒナを異なる種の親に育てさせることができる．このように育てると，ヒナは成熟してつがいになるときに，同種の自分と同じ色をした相手よりも，育ての親と同じ色の相手を好むのが普通になる．餌づけされた鳥では，性的刷り込みの対象がヒトとなることもしばしば見られる．しかし，哺乳動物の性的選好は，異種によって養育されてもほとんど変わらない．性的刷り込みの感受期は，他の種と混じりあう環境に棲息するカモメ科などの鳥では，感受期が短く，クロワカモメでは，ヒナが巣から離れて他種の鳥と集団をつくる前に感受期が終わる．動物では，他の種の子を間違って養育しないような機構がそなわっているものが多い．カモメ科のヒナは特別に親鳥の鳴き声を認知するようになるし，親鳥も自分のヒナの声を特別に認知する．

ヤギの母親は分娩したばかりのおよそ1時間に子ヤギのニオイに敏感であり，この時間のうちに子ヤギは母親に5分間接触を持てば，親子として受け入れられる．しかし，この時間内に母ヤギとの接触がないと，子ヤギは母ヤギから受け入れてもらえず，授乳できなくなる．

親・家族集団・異性の仲間への愛着が動物の社会組織にとって重要な役割を持つ種では，刷り込みが起きる可能性が高い．愛着が同種以外の間違った対象に向けられる可能性の高い動物種で，刷り込みが進化したと考えられている．

F．学習と記憶のメカニズム

学習が脳のどの部位に記憶されているのかということは興味深いことである．

記憶形成の場はシナプスと予測され，信号が繰り返し伝わるとシナプスの前細胞と後細胞が同時期に興奮して，シナプスの伝達効率が高くなる（シナプスの可塑性）と考えられている．記憶は短期記憶と長期記憶に区別されて考えられている．短期記憶は機械的に電話番号を覚え，ダイヤルすると忘れるような記憶であり，回路の電気的な活性が高くなることによって，ニューロン間の結合が強くなる結果と考えられている．長期記憶は時には数十年も記憶保持される記憶であり，ニューロン回路の電気的興奮の持続だけでは説明できず，物質の合成を伴ったニューロン間の結合強化が関係していると考えられており，この過程を**記憶の固定**と言う．この学習と物質の合成に関する研究として，記憶分子が調べられている．その例として，実験的にラットの習性と異なる「暗い隠れ場所を避ける」ように電気ショックによって訓練する．この条件付けが形成されたラットの脳抽出物を，訓練していないラットに注入すると，注入されたラットは他の普通のラットよりも早く「暗い場所を避ける」学習効果が出るという．この脳抽出物は15個のアミノ酸からなるポリペプチドであり，スコトフォビンと名づけられている．このような効果については，ラットの他に，プラナリア，魚，マウスなどでも同様であると報告されているが，この物質が神経系のどこにどのように作用して，学習効果を促進するかなどは不明である．

長期記憶は，**習慣記憶**（「手続き記憶」とも言う）と**陳述記憶**（「認知記憶」とも言う）に分けられ，前者は技術や技能などの記憶であり，いわゆる体で覚えたもので，言葉やその他で説明するのは難しい記憶である．後者の陳述記憶は，想いだすことのできる記憶であり，個人の体験や出来事などの「エピソード記憶」と，授業科目などで記憶した年号や物質名のような「意味記憶」がある．健忘症や記憶喪失で障害を受けるのは陳述記憶，特にエピソード記憶で著しいが，習慣記憶は失われない．手続き記憶は「身体の運動記憶」といえる内容であり，海馬と無関係であり中心は小脳の神経回路で形成される．長期間の認知記憶（陳述記憶）の蓄積の場は，現在，大脳連合野であると考えられている．

ヒトの記憶のメカニズムを考えるとき，側頭葉内側部を海馬も含めて両側切除された患者は，その結果日常生活におけるすべての出来事を，起きるそばから忘れてしまった．しかし，昔の出来事の記憶ははっきり残っていて話すことができるし，知能指数も正常であった．海馬の破壊・切除によって，新しい記憶を失うことがわかり，海馬は比較的短い記憶（短期の認知記憶）を保持する場所であることと，永続的な記憶は別の場所に蓄えられることがわかる．

鳥のさえずりの記憶では，さえずりと脳の腹側高線条体の尾側部（caudal nucleus of ventral hyperstriatum : HVc）の体積が関係することが明らかにされている．HVcが発達している鳥ほどさえずりのレパートリーが広く，複雑なさえずりができる．現在「さえずりと学習記憶の場」は，脳のHVcが最も有力であるとされている．図5.11の大細胞性新線条体前核（MAN）に外科的損傷を与えても成鳥のさえずりには影響が認められなかったのに対して，学習過程の幼鳥では，顕著に学習への障害がでる．この結果について筒井は，MANで学習され，取り込まれた情報をHVcに送り，記憶として蓄積される可能性が高いことを示唆している．

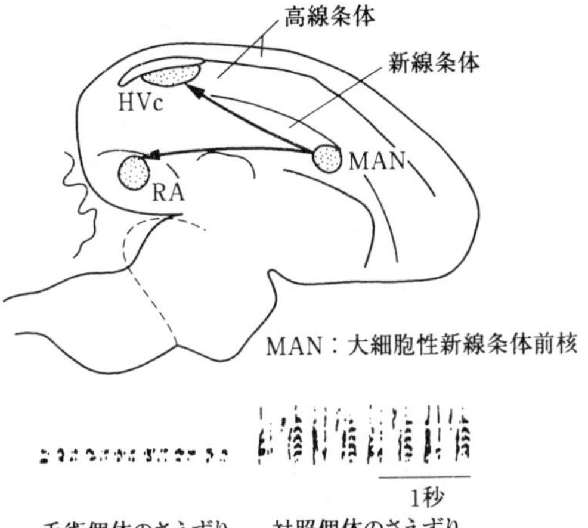

図5.11 さえずり学習と脳手術（筒井，1994[9]より）
雄のキンカチョウが幼鳥の頃（35〜38日齢），外科的手術でMANの両側を切断してHVcやRA（大型細胞群）との神経連絡を断つと，その後のさえずりの発達が著しく阻害される．

野生の鳴鳥のさえずりは，繁殖期とそれ以外では変化し，繁殖期にはさかんにさえずるが，繁殖期が終わるとあまりさえずらなくなり，この周期が毎年繰り返される．野生のカナリアのHVcは繁殖期のさえずる時期になると大きくなり，それを過ぎると小さくなる．HVcはさえずりをコントロールする神経核であり，雄の方がその神経細胞が良く発達していて大きい．

小鳥の「さえずり」は一般に雄が学習するが，性ホルモンを雌のカナリアに長期間与え続けると，雄のように「さえずる」ようになることが実験で明らかにされており，「さえずり」は性ホルモンと密接な関係にあることが知られている．この性ホルモンの分泌は生物時計によってコントロールされており，繁殖時期になると網膜からの光刺激によって性腺刺激ホルモンが分泌され「さえずりの開始」となるのである．

5.2.3 行動の神経機構

A．脳神経系と行動

身に危険がせまると動物は注意深くなり，すぐに反応して動けるように身構える．そのような状況になると，体の生理的変化が起こり，心臓の鼓動は速くなり，呼吸は激しくなって，瞳孔は広がり，汗が流れ出す．これらの変化は，情緒を推測するときの大まかな目安になる．身の危険などの緊急事態に対しては，交感神経が活動し，臓器の動きが活発になるが，交感神経の興奮は副腎皮質から大量のアドレナリンを放出させ，アドレナリンは臓器の活動をさらに活発化する．このことによって心臓は速く動き，瞳孔は拡大し，発汗が起こるのである．

ニワトリ，ラット，ネコ，サルなどの実験で，視床下部の神経核の電気刺激によって特定の行動をとらせることができる．眠らせたり，充足していてもさらに食物を食べさせたり，水を飲むようにさせることができる．電気刺激によって，巣づくりも，子どもの世話をすることも，恐怖を表したり，脅かしたり，攻撃をしかけたりすることも可能である．しかし，これらの行動は種によって特有な部分があり，自分のおかれた情況によって，行動の発現が異なってくる．食べるように刺激しても，利用できる食べ物がなければ食べない．また巣をつくるように刺激しても，ちょうど良い材料がなければ巣づくりしない．アカゲザルでは「相手が強くなくて，報復されることがないことがわかっている場合に限って攻撃をしかける」，刺激があっても相手がもっと強そうで攻撃的な場合には，闘わない．

ネズミをとったことも殺したことも，さらにそれを見たこともないネコでも，視床下部の特定の部位を刺激すると，捕獲の経験のあるネコと同様にネズミに近づき，攻撃して，かみつく．ネコが狩りをして，獲物を殺す行動は，成長の間の経験によって多少の修正はあるが，生まれ持ってそなわったものと言えよう．多くの動物は経験がなくても配偶行動を示すことができ，正確に巣をつくることができる．

異なる種の動物間でも，解剖学的に脳の中で同じと考えられる部位では似た機能を制御している．しかし，異なる種ではその行動の仕方があり，各種独特の食行動，交尾行動や侵入者に対する防衛行動を示す．

各動物の脳は，それぞれの行動や生活生存の仕方によって発達部分に大きな違いがある（図 5.12）．

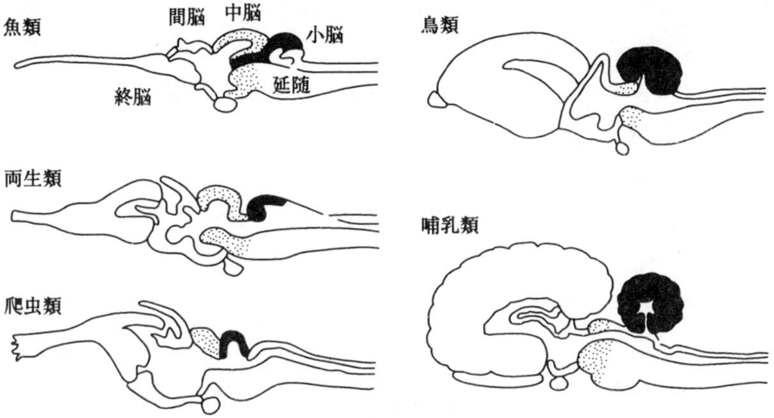

図 5.12　脊椎動物の脳

鳥類の小脳は魚や爬虫類に比べて非常に良く発達しているが，それは飛翔するための微細な筋の調節のためと考えられる．食肉類や有蹄類の小脳は，げっ歯類や食虫類に比べて大きいが，霊長類，　特にヒトの小脳の発達は最大である．小脳半球は四肢の動きの制御と関係しており，霊長類では，指の細かな動きまで制御している．もしヒトやサルの小脳が損傷を受けると，熟練した仕事を円滑に行えなくなる．

哺乳類では嗅球がよく発達しているが，土の上に鼻を近づけて食物を探しまわる小型の食虫類やげっ歯類では，嗅球が特に大きく発達しているが，林の中に棲み，視覚に頼る生活をする霊長類では嗅球の発達は良くない．体性感覚野と運動野の身体図は，ヒトでは非常にゆがんでいる．腕と手指の運動と感覚にはかなり広い部分があてられているが，他の霊長類に比べて足へのわりあては広くはない．ヒトの足は，主に直立歩行を中心に使われているだけで，足や足指をたくみに使ったり握ったりには使われていないことが関係している．

哺乳類では生まれつき脳に組み込まれている行動パターンは限定されており，代わりに脳の容積を増大させて，情報を獲得し，新しい技術を学習できるような戦略を獲得している．これは，環境変化や新しい環境に対して，それに応じた行動をとるのに適したものである．これは，決まった行動をとる場合に比べて，新しい環境でどのように生きのびれば良いかを学び，新たに脳の中に獲得していけることから，自分の行動様式を変化させ，新しい場所に適応しやすい．すでに行動が決まっている場合に比べて，後で必要な行動を獲得していく方が有利な場合が多いと思われる．突然，自然の異変で棲息環境が変化したり，強制的に新しい場所に移されたりした場合，行動が決まっていると適応しにくいのである．

一般に，大きな脳と，良く発達した新皮質を持つ哺乳動物ほど，はじめて見るものに対して調べたり，いじったりと興味を示す傾向が強く，また若い時期には，より多く遊ぶ傾向も示されている．

脳の中の一般的な機能はおおよそわかってきたが，行動の制御機構が脳の中でどのように構築されたのか，また特定の行動を制御している回路を明らかにすることはいまだ困難である．脳の発育において，その機能がどのように形成され，経験がそれをどのように変化させていくのかなど不明なところが少なくないが，解明にむけて興味深いことが多数あるとも言える．

文　献

1) 木村武二監訳：「オックスフォード動物行動学事典」，どうぶつ社（1993）
2) 伊藤　薫：「脳と人間の生物学」，培風館（1988）
3) 千葉喜彦：「生物時計の話」，中央公論社（1975）
4) 大川匡子・内山　真：生体リズムとメラトニン「生体リズムと健康」（川崎晃一編）学会センター関西（1999）
5) 新井哲夫：環境周期と生命「生物学」（新井哲夫・井上寛ら編著），学術図書出版（1990）
6) 正木進三：「昆虫の生活史と進化」，中央公論社（1974）
7) 河内俊英：「日長条件が3種テントウムシの休眠，発育速度および羽化時生体重に及ぼす影響」昆虫53巻（1985）
8) リドゥリー著・中牟田潔訳：「新しい動物行動学」，蒼樹書房（1988）
9) 筒井和義：「生物科学の基礎」（吉里勝利編），培風館（1995）

第 6 章

遺伝と遺伝子

6.1 遺 伝 と は

遺伝とは「親の形質が子やそれ以後の世代に現れる現象」である．形質とは「生物個体について観察できる性質の単位」つまり髪の色，顔つき，身長や体型など目に見える形態的特長，さらに血液型や運動能力，生理的機能，知能，性格などの心理的な性質も含まれる．知能や性格，心理的な性質の発現には遺伝だけではなく，環境因子の影響が大きい．このことは別項で触れる．

表 6.1 別々に育てられた一卵性双生児における IQ の相関関係（松田，1999[1] より）

研究グループ	相関関係	双生児の組数	相関関係範囲
1	69 %	12	64〜73 %
2	71 %	19	68〜74 %
3	75 %	37	74〜76 %
4	75 %	42	69〜78 %
平均値	74 %	計 100	

遺伝的形質が最も近いと考えられる一卵性双生児について，別々の環境で育てられた場合の IQ を比較したのが表 6.1 である．類似の程度として相関関係を見ると，平均で 74 %とあり，これが 100 %なら完全に一致していることで

あり，0％なら無関係ということである．この結果からみると，一卵性双生児の知能は74％が遺伝に由来し，26％が環境に関係していることになる．一方で，遺伝との関係は，もっと低いとする研究結果も出されている．

6.2 遺伝情報は染色体の中のDNAが担っている

遺伝子（gene）はすべての生物に共通した言語であるDNAで記載された「生命体の基本的な設計図」である．「基本的な設計図」という言い方は遺伝子に由来する病気であっても，発病には環境因子が密接に関係していて，必ず病気になるとは限らないからである．生物学的に言えば，「遺伝子の発現（遺伝子由来の病気になるならない）には環境因子が関与する」と言う．

DNAとは，**デオキシリボ核酸**（DeoxyriboNucleic Acid）のことであり，核酸には他に**リボ核酸**（**RNA**；RiboNucleic Acid）がある．DNAはアデニン（A），グアニン（G），シトシン（C），チミン（T）という4種類の塩基の並び方である．この4種類の塩基が遺伝情報の基本の文字であり，この四文字の組み合わせによって，膨大で複雑な遺伝情報の暗号はできている．生きものの体は，細胞でできており，その主な材料はタンパク質であり，その設計情報が，遺伝子情報である．細胞の中には核があり，核の中に「染色体」があって，これはタンパク質とDNAからできている．染色体は，ふだんは核内に細いヒモ状に分散していて，塩基性色素によく染まることから染色体という名が付いた．染色体の数は生物によって決まっている．

ヒトの染色体は46本であり，22組の相同染色体と2本の性染色（XY，XX）よりなり，46 XYなら男性であり，46 XXなら女性となる．男女それぞれの染色体46本の半数である23本を**半数体（ゲノム）**と言い，子どもの染色体は父親の精子（23 X，23 Y）と母親の卵子（23 X，23 X）に由来し，組み合わせによって男児（23 X＋23 Y），女児（23 X＋23 X）となる．

国際的スポーツで行われているセックスチェックは，Y染色体特有のDNA構造をマーカーによって遺伝子レベルでチエックしている．このセックスチェックで例外的に染色体が46 XXYのような女性がいて，オリンピックで金メダルを獲得したが，セックスチェックで問題になったことがある．

染色体上には多数の遺伝子があることから，染色体の数が増えたり，減ったり，一部が欠損していることが稀にはあり，問題が起きることがある．例として新生児に起こるダウン症がある．このダウン症は，21 番染色体が 3 本ある染色体異常であり，1,000 回の出産に 1 人の割合で誕生しているが，この割合が高齢（35 歳以上）出産になるとさらに多くなる傾向のあることが知られている．ちなみに母親が 35 歳以上になると 100 回の出産に 1 人の割合と著しく発生率が高くなるが，これは母体が高齢であればあるほど卵巣の細胞分裂のメカニズムに異常が出やすくなるためと考えられている．ダウン症のうち数パーセントは，遺伝的原因によるものであるが，大部分は遺伝と無関係にすべて健康な夫婦から，突然ダウン症児が生まれる可能性のあることが明らかになっている．

ヒトの遺伝子についてみると，遺伝子の数はいろいろなデータをもとに推定された結果，5 万ないし 10 万と言われていた．ところが最新の研究ですべての塩基配列がわかり，遺伝子の特徴的な配列を見分けることのできるコンピュータプログラムを用いてカウントして得られた結果，ヒトの遺伝子数は約 3 万個であることが明らかになった．ただ現在のプログラムで見つからなかった遺伝子があるとすれば，将来遺伝子数が増える可能性はある．この遺伝子が 3 万個という数は，ハエの遺伝子の約 2 倍，トウモロコシとほぼ同じことになり，以外と少ないことに驚かされる．

遺伝子の大きさは，大きいものでは筋ジストロフィーの原因となるジストロフィン遺伝子のように約 250 万塩基対もあるものから，α インターフェロン遺伝子では約 1,000 塩基対と小さな遺伝子もある．

6.2.1　遺伝子の検査

染色体なら顕微鏡で見えるので，どのように検査するか想像できるが，もっと小さい遺伝子の検査，さらにその中の塩基が違っているとなると，どのように見るのか見当がつかないであろう．

しかし，技術の進歩によって現在では遺伝子解析は，比較的容易になっている．遺伝子解析は，皮膚組織，毛根，口腔粘膜，尿中の脱落細胞，羊水細胞，胎盤繊毛などが使われる．口腔粘膜はうがいをして吐き出した水から，また尿中細胞は尿から取り出せる．毛根，口腔粘膜，尿などから容易に検査試料が手に入り，検査できる．胎児の遺伝子診断，出生前診断では，妊娠8～9週の胎盤繊毛あるいは，妊娠18～20週の羊水細胞が使われる．

あるいくつかの遺伝病では，ある遺伝子の1つまたは数個の決まった変異を調べるだけで，80～100％の患者の遺伝子診断が可能である．例えば，筋ジストロフィー（福山型），アフリカ系アメリカ人の鎌状赤血球症，白人の嚢胞性繊維症，軟骨形成不全症などがそれである．これらの遺伝子変異があるかないかは簡単に診断でき，費用もかからず判定できる．

6.2.2 遺伝子診断・検査は何のために，誰のためにするのか

現状では診断ができることと，治療ができることが必ずしも一致していないことから，検査して診断する価値が問われることが出てくる．出生前診断は，妊娠している母親と胎児の間に，利害の対立が起きる場合がでてくる．つまり，胎内の「生命体」にとって運命が左右されることがでてきうるのである．出生前診断の後の対応については，WHO（世界保健機構）のガイドラインでは，中絶を含めその決定は母親がすべきであり，医療側の介入を強く戒めており，「社会や国の関与はあってはならない」としている．

遺伝病の子どもが産まれた場合，かつては次の出産を躊躇することがしばしばあったが，「出生前診断」が可能になって，遺伝病の障害の有無が出生前にできることから「選択肢」として新たな可能性が出た．ただし，障害を持った兄弟，姉妹が選択を知れば「傷つく」ことになることから，中絶した母親の精神的支援が重要と言われている．さらに着床前診断（受精卵診断）も可能である．これは女性から卵を採取し，体外受精して卵割が進んだ3日後の受精卵から細胞を少し取って染色体あるいは遺伝子を解析，性別判定をする．伴性遺伝では男児には50％発症するが，女児ではその世代では発症しないことから，性別の判定により，女性胚のみ子宮内に戻す，というようなことはすでに技術的に可能であるが，「障害を持つ人の選別に使われるのではないか」という懸念が出されている．

6.3　クローン技術の応用による臓器移植

「クローン」とはギリシャ語（Klon：小枝）からきており，挿し木の小枝と考えれば，小枝は元の木の一部であり同じ種類であり，同じ形質の木になる．挿し木の小枝のように，クローンは「まったく同じ遺伝情報を持っている」生物である．原始的なプラナリアのような動物では，切断するとそれぞれが完全に同じ個体に成長し，遺伝情報は全く同じである．一卵性双生児は，全く同じ遺伝子を持ったクローンと言える．クローン生物はすでに多数存在しており，珍しいものではないし，畜産分野では以前から，全く同じ遺伝子の動物をつくることは行われている．受精卵が2分割，4分割した段階，あるいはもっと発生段階の進んだところで細胞や細胞塊を分けて代理母の子宮で育てる方法で，人為的に一卵性の双子，四つ子をつくることが行われていた．これは，発生初期の受精卵の細胞を使った「受精卵クローン」である．

クローン羊ドリーが話題になったのは，「受精卵クローン」ではなく，一般の体細胞からつくった「体細胞クローン」ということのためである．雌羊の乳腺細胞から核を取り出し，他個体雌羊の未受精卵の核を除去した卵に乳腺細胞からの核を入れたこの卵からドリーは誕生したのである．この組み合わされた卵（ドリーになる）は，乳腺細胞の雌と全く同じ遺伝子を持つことになり，通常の有性生殖では雄（父）と雌（母）からの遺伝子をそれぞれ半分受け継ぐことから，母親と全く同じ遺伝子を持つことはないが，ドリーは父親なしで乳腺細胞の母親と全く同じ遺伝子を持つ子として「成体の体細胞を使って誕生した」ことが話題になった理由なのである．その後マウスやブタ，ウシが体細胞クローンで誕生している．さらに受精卵クローンではあるが，霊長類であるサルのクローンが誕生しており，クローン人間も技術的には可能である．そこで「ヒトラーやフセイン大統領のクローン」が誕生したらどうするか，と考える人がいるかと思うが，元の人物と同じ人物に育つかどうかは，全く別のことであり，誕生してもそれほど心配することはない．

6.3.1 クローン技術は遺伝子組み換えの動物版

臓器移植用の動物が開発研究されており，移植用臓器の大量生産のための本命としてブタがある．ブタは臓器の大きさが適当で，人間に近い皮膚を持っていて，麻酔，機能検査，動物実験が進んでいて，飼育方法も確立している．また大きいのは肉用として定着しており，動物愛護団体からの批判対象になりにくいことも上げられる．多産で大量生産も容易で，無菌飼育（SPF ブタが珍しくない）が確立しているなどの利点が挙げられている．臓器移植で問題になる拒絶反応を抑えるために人間の遺伝子をブタの細胞に導入して移植臓器をつくるのである．遺伝子組み換えの動物版では動物に薬を生産させる動物製薬工場に応用され，この技術の応用からクローン動物が誕生したのである．

クローン技術は，人間のクローンを考えているわけではなく，医薬品開発がメインテーマであった．例えば，クローンをつくる細胞に血友病の治療に必要なタンパク質を合成するヒトの遺伝子を組み込んで，将来的には血友病治療タンパクを乳に分泌させ治療薬として使う目的がある．また，応用分野としては食糧問題の解決用としてクローン家畜で肉の大量生産が考えられている．

これまですでに多くの改造動物が登場しており，大阪大学では，発光クラゲの「光る遺伝子」をマウスに導入して暗いところで全身が薄く光るマウスが誕生し，その子どもも産まれて，暗闇で光る親子ができた．スイス・バーゼル大学研究チームでは，ショウジョウバエの目を形成する遺伝子を操作してハネに目をつけることに成功している．イギリス・バース大学の研究チームでは頭のないカエルの胚を誕生させ，胴体でも尻尾でも胚からつくることができ，この技術の応用で人間に必要な臓器だけをつくることが可能としている．クローン人間の利用法として脳をなくしたクローン人間をつくり，自分の悪くなった臓器と取りかえる提供者にしようということも出て来うるのである．

6.3.2 ヒトクローンも時間の問題か

このように様々な技術開発が行われ，ヒトクローンの誕生も時間の問題と言われている．先進国では実験の規制が厳しいが，途上国では野放しであり生殖操作，生命操作がどのようになっていくのか，心配な時代になっている．ヒトクローンによって事故で亡くした子どもと，そっくりな子の誕生が可能になるかもしれない．また，シングルマザーを希望する女性のクローンの誕生も夢ではないようである．「クローン人間の存在はダメダ」という万人の納得する理由がないと希望者の要求は強まっており，いつ認可されるかということになるであろう．日本では2001年に，またイギリス，ドイツ，フランスも体細胞クローン人間を禁止する法律が施行されている．しかしアメリカは，研究に政府の資金を使うことは禁止したが，民間の研究に対する規制はなくクローン人間誕生は時間の問題である．クローンマウスの研究で有名なハワイ大・棚町隆造教授（2001）[2]は，「クローン人間が長期間健康であるかは不明．また誕生しても排斥されたり，自己のアイデンティティーに悩んだりする可能性が高いなどの問題があり，現時点では体細胞クローン人間をつくるべきではない」と発言している．

6.3.3　クローン技術を考える

最近の新聞（朝日新聞2002/10/5夕刊）のコラムで東大の安東忠雄教授・建築家がクローンペットについて発言していた内容を紹介して，クローン技術を考えたい．逆らえないはずの生命の問題までも，人間の力でコントロールしようとするのが現代のクローン科学である．

安東氏は，長年飼っていたペットの犬の死を例に考えを述べている．近年，米国で死んだペットをクローンとしてよみがえらせるビジネスが進んでいるらしく，クローン猫が元気に動き回る場面をテレビで見たとのこと．しかし，科学とは本来，人間の未来をより良い方向に導いていく，希望の道具であるべきで，それをビジネスとして個人のエゴを満足させるためだけに使ってはいけないこと．何事にも，その一線を超えてはいけない（臨界点）というものがある．それを超えてしまったために，人間はこれまで大切なものをたくさん失ってきたこと．ギリギリの飽和状態に達したとき，最後の一歩を踏みとどまらせるのは，やはり一人一人の理性，心の強さであること．安東氏は「私は自然にかえった犬が複製されて再び立ち上がることを全く喜びません，ときどき死んだ犬のことを思い出したりする，それでいいんだと思います」と結んでいる．

6.3.4 ヒトゲノム解読のもたらすもの

ヒトゲノムの解読が盛んに行われているが，すべての塩基配列を解読し，さらにすべての遺伝子の役割，遺伝子同士の関係まで明らかにして，病気治療や病気の予防ができないかと考えられているのである．特定臓器中の遺伝子情報の解読により，そこでつくられるタンパク質の設計図を明らかにして，医薬品として利用できるタンパク質を見つけることも盛んに行われている．ヒトゲノムの解析によって，病気を事前に予測し，個人の体質に合わせたオーダーメイド医療の実現の可能性が期待されている．

遺伝子治療は，例えば「ある遺伝子が欠損していて正常に働かないために，あるホルモンがつくれなくて病気になる」その治療のために「欠損している遺伝子を導入して正常な働きにする」ことで治療する．現在の技術では遺伝病を起している異常な遺伝子だけを除去して正常遺伝子をその位置に入れることはできない．しかし，不足している（欠損）遺伝子を導入するだけで治療効果の出るアデノシンデアミナーゼ（ADA）欠損症では，原因となる遺伝子を除去することなく，遺伝子を導入するだけで治療可能であることから，アメリカや日本で遺伝子治療として多数のヒトが恩恵を受けている．

6.3.5 オーダーメイド治療

期待されるオーダーメイド治療で特に注目されるのは，遺伝子の個人差と病気のかかりやすさ，特に糖尿病，高血圧症，心臓病などの生活習慣病において遺伝子の種類をもとにして，発病前に処置して予防することの可能性があることだ．個人によって素質に違いがあることから，一律に同じ医療を適用するのではなく，個人に合わせて理想的な医療を行おうというものである．例えば，糖尿病にはいくつかのタイプがあるが，遺伝子によってどのタイプの糖尿病か診断して対応することが可能になる．また乳ガン，卵巣ガン，大腸ガンなどに対してハイリスクのヒトがわかれば，こまめに検診することで早期発見や早期治療ができる．単なる一般的注意ではなく，個人に対して「糖尿病のハイリスクがあることから，食事への注意と運動量の必要量を具体的に指導する」．また「あなたは，乳ガンのリスクが高いので，何歳以降は定期的に検診を受けた方が良いと指導する」．こうすれば，自分の問題としてよりインパクトが大きく，本人にとってプラスが大きいであろう．このようにオーダーメイドで治療方針が行われる時期にきている．

ただマイナスの懸念として，特定の病気になりやすい遺伝子を持つ人が，保険加入や結婚などにおいて不利になる可能性などの問題がある．遺伝子レベルの情報が，これまでと異なる差別の原因の可能性をもたらしかねないのである．

遺伝子の個人差や人種間の差を「遺伝子の多型」と言うが，その中のスニップ（SNP: Single Nucleotide Polymorphism：塩基多型）は特に注目されている．これは，ある個人の塩基配列の中で，1つの塩基が他の塩基と置き換わっているもののことである．ヒトゲノムでは1000塩基に1個の割合で個人の間，人種の間で配列の違いのあることが見つかった．つまり，ヒトゲノムが約30億の塩基対であることから，SNPは0.1％で300万個くらいはあると予測されている（図6.1）．

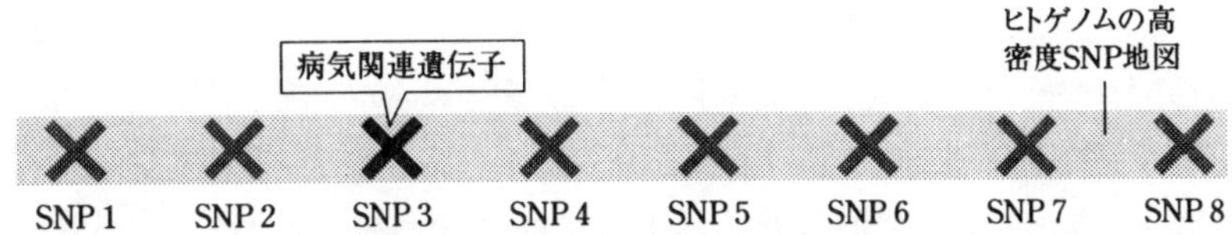

SNP ＼ 個人	SNP 1	SNP 2	SNP 3	病気
Aさん	A	T	C	有
Bさん	A	T	G	無
Cさん	T	T	G	無

図6.1 SNPと病気の関係解析（大石，2002[3]より）

現在，世界中の国の研究機関や製薬企業，バイオベンチャー企業が病気に関係するSNPはないかと必死で研究している．病気発症にかかわるSNPが見つかれば，それをもとにして新しい薬の開発が可能になることを期待しているのである．

6.3.6 狂牛病の原因とヒトへの発症

異常型のプリオンタンパクが増殖することによって発症するいわゆる狂牛病は，1986年に英国ではじめて確認され，1980年代後半から1990年代前半にかけて拡大して，ヨーロッパの畜産業界をパニック状態にした．日本でも2001年に千葉県で最初の狂牛病のウシが見つかり，その後も各地の酪農場で見つかり，消費者に不安から牛肉拒否反応が広がった．狂牛病は正式には牛海綿状脳症（Bovine Spongiform Encephalopathy : BSE）という．原因は，異常プリオンという特殊な感染性タンパク質の増殖である．ウシの脳内にはもともと正常型プリオンが多量にあるが，体外から餌として取り込まれた異常型プリオンがはたらいて，正常型プリオンの立体構造が変化して異常型プリオンに変えられる．取り込まれた異常プリオンが連鎖的に増殖していき，脳の神経細胞を破壊することによって，まともに立つことも歩くこともできなくなるのである．

当初イギリス政府は，ウシの狂牛病はヒトに感染しないと発表していたが，多数のヤコブ病（クロイツフェルト—ヤコブ病）患者が発症したことから，再度詳細な調査を行った結果，狂牛病がヒトにも感染してヤコブ病を起す恐れのあることがわかった．ヤコブ病は通常35〜65歳代で発症していたが，もっと若い年代の患者も見つかり，ウシからの感染が疑われたのである．ヒトのヤコブ病は，人格障害，痴呆，麻痺などを伴って治療法が見つかっていない．

ウシへの感染経路は異常型プリオンの増殖した羊（狂牛病のヒツジ）をウシの餌としたことから感染がはじまったと考えられ，1989年にはヒツジを材料にした餌はヨーロッパでは禁止された．

通常の病原体は，細菌であっても，ウイルスであっても核酸であるDNA，RNAを含み，これが遺伝子となって増殖する．しかし，プリオンには核酸が含まれず，異常型プリオンというタンパク質そのものが病原体である．異常型プリオンは立体構造が安定しており，高温で加工しても変質せずやっかいである．その結果，狂牛病のウシの脳や脊髄などが肉骨粉に加工されても，異常プリオンは残り，それをウシの餌として与えれば潜伏期間は数年あるが，狂牛病が発症するのである．ヒトも異常型プリオンを含むウシの臓器を食べれば，感染する恐れがあり得るということである．

6.4　遺伝子組み換え作物

6.4.1　遺伝子組み換え作物

A．遺伝子組み換え作物とは

遺伝子組み換え（Genetically modified: GM）作物は，人間にとって有用とみなされる特定の遺伝子を作物に組み込んで，耐病性，農薬耐性，日持ち性などの特別な機能を付与された農作物である．生産性の向上，多収穫，砂漠や塩類集積地でも栽培可能などの利点を持つとしている．組み換え作物は，細胞の核の中にDNA（遺伝情報を担う）が入っているが，DNAの中から特定の遺伝子，「殺虫性を持つ遺伝子や特定の除草剤などに抵抗力を持つ遺伝子」を取り出して，他の生物の細胞に組み込み，その細胞を培養して作った遺伝子を組み換えた農作物（GMOという）である．この組み換え作物を原料とした食品が，「遺伝子組み換え食品」である．

遺伝子組み換えによって，これまで作物になかった遺伝子を細胞の中に導入

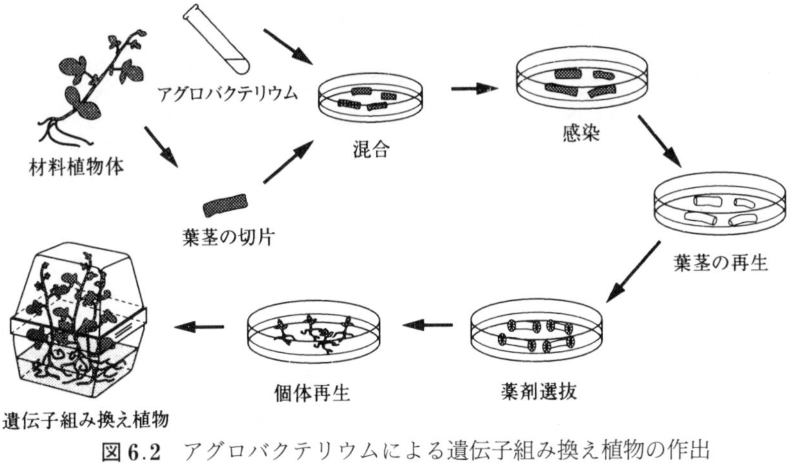

図 6.2　アグロバクテリウムによる遺伝子組み換え植物の作出（大塩，1999[4]より）

して，新しい性質を持った作物がつくられた．現在つくられている組み換え作物には，この導入遺伝子に微生物の遺伝子が使われており，一部には昆虫や人工合成された遺伝子も使われている（図6.2）

アメリカ政府は，遺伝子組み換え作物の開発は，21世紀の食糧危機を救う新産業として位置付けて，積極的に援助し，伸ばしていこうとしているが，「世界の穀物市場を制覇していく戦略の一つではないか」と危惧する声も出ている．

なぜなら世界的に見て，遺伝子組み換え作物の栽培はひと握りの国，つまりアメリカ，カナダ，アルゼンチンで，世界の作付けの98％を占める著しい集中化が見られ，この状況は過去4年間変わっていないのである．また，アメリカの組み換え作物の作付けは，世界全体の68％を占めている．また遺伝子組み換え種子の市場は，極端な独占状況が見られ，世界の組み換え作物の作付面積の80％はモンサント社（現在はファーマシアの子会社）が占めており，残りをアベンティス社が7％，シンジェンタ社（ノバルティスとアストラゼネカの共同出資社）が5％とデュポン社が3％となっている．

遺伝子組み換え作物は農薬を減らし，食糧の増収をはかり，栄養分を高くするなど，人類にとってプラス面が期待されているが，他方で人体や環境への悪影響を指摘する研究も相次いで発表されており，技術的にも評価の面でも完成されたものとは言えない．組み換え作物が広く栽培され，繁殖すると，近縁の野生植物と自然交配して，遺伝子が広く拡散することが懸念されている．例えば，殺虫性を持つ遺伝的性質が拡散して大量の昆虫が死亡する，あるいは除草剤に強い植物のみが異常繁殖して自然生態系を攪乱することも心配されているのである．

アメリカでは，1994年から商品化がはじまり，日本では旧厚生省（厚生労働省）の諮問機関の「食品衛生調査会」が1997年5月に安全性を認める答申を出して，その年の12月までに大豆，ナタネ，トウモロコシ，ジャガイモなどの6種類20品目の輸入を承認した．その結果，これらを原料とした植物性油，醤油，味噌，ビール，スナック菓子などが販売されている．

B．消費者の懸念と表示

一方で，消費者団体や地方自治体では，アレルギーの発生源としての心配や，自然生態系への悪影響の懸念を問題として，組み換え食品の禁止やとりあえずは，表示を義務化することが求められた．その結果，2000年に「遺伝子組み換えに関する表示の基準」が告示され，2001年4月には不十分ながら製造，加工，輸入，販売されるものに対して表示制度がスタートした．

表示されるものは，「従来のものと組成，栄養素，用途などは同等である遺伝子組み換え農産物が存在する作物（大豆，トウモロコシ，ジャガイモ，ナタネ，綿実）に係わる農産物およびこれを原材料とする加工食品であって，加工工程後も組み換えられたDNAまたはこれによって生じたタンパク質が存在するもの」については遺伝子組み換え品や不分別品を使用した場合，表示が義務づけられる．

ところが，「不十分な表示」と言った内容は，以下のことである．組み換え作物を原材料とした加工食品でも，組み変えたDNAおよびこれによって生じたタンパク質が加工工程で除去・分解されることにより，食品中に存在しないものは表示しなくてよいというものである．それは，醤油，大豆油，コーンフレーク，水飴，デキストリン，コーン油，ナタネ油，綿実油，マッシュポテト，ジャガイモでんぷん，ポテトフレーク，冷凍・缶詰・レトルトのジャガイモ製品である．このように原料に組み換え農産物を使っても，表示しなくてもよい品目が多数あるという問題があり，組み換え品が増えるなどの変化に対応するために1年ごとに見直すことになっており，より厳しい制度にすることが必要である．農水省は，「自給率を高め安全な農産物を国民に供給する」という立場であるにもかかわらず，「書類審査だけで，組み換え作物は安全性に問題ない」という立場に固執している．

C．遺伝子組み換え作物の問題点

ここでは，遺伝子組み換え作物のかかえる，問題点は何かを考えてみたい．販売されている組み換え作物に導入された遺伝子は，ほとんど微生物の遺伝子が用いられている．新たに組み込まれた遺伝子によって，これまで私たちが食べたことのないタンパク質が含まれるようになり，この新たなタンパク質の安全性が問われているのである．

6.4.2　組み換え作物の課題とこれから

A．除草剤耐性を持つ作物

除草剤耐性作物では，特定のメーカ（アメリカ・モンサント社・多国籍企業）の除草剤に強い性質を持った作物がつくられている．その例として除草剤耐性のナタネと大豆があり，商品名がラウンドアップとバスタという有機リン系除草剤と組み合わせて使う作物である．この除草剤は，どの植物をも枯れさせる性質があり，植えている作物も無差別に根こそぎ枯れさせる強力な性質を持った除草剤である．この強力な性質のために，これまでの使用は果樹園，線路沿い，公園，畔道，校庭などに限られていた．しかし，この強力な除草剤に対する耐性を作物に持たせることができれば，作物以外のすべての植物を枯れさせることができて，とても便利なつくりやすい作物ということになる．特に大規模農場にとって，省力効果と経済効果の大きい画期的な作物と言える．この除草剤耐性作物は，特定メーカの開発した除草剤ラウンドアップ（一般名はグリホサート）に特化した耐性であることから，除草剤と耐性種子をセットで販売できて販売メーカ（農薬会社）にとって大きなメリットがある．この除草剤耐性作物は，どのようにしてつくるかと言うと，ラウンドアップを繰り返し散布して，そこで生き残った耐性菌の中から耐性遺伝子を見つけ，作物に組み込むのである．

B．除草剤耐性を持つ作物に問題点はあるか

開発商品化に成功したモンサント社は，除草剤の使用を削減でき，経費と労働力の面でのプラスを宣伝している．しかし，除草剤に強い遺伝子が除草対象の雑草に広がる危険性が指摘されており，ラウンドアップのような，植物の根まで枯らす強力な除草剤に対する耐性が獲得された雑草は，強い除草剤も効かない雑草の出現の可能性を示唆している．天笠は，デンマークの王立研究所のマイケルソン（T. R. Mikkelsen）らの報告では，除草剤耐性ナタネを栽培した結果，周辺に生えている雑草の一部に除草剤耐性遺伝子が移行しているものが見つかっている．これは，現在医療現場で問題になっているMRSA感染症（ペニシリンの一種メチシリンが効かなくなった黄色ブドウ球菌による感染症）のように，抗生物質耐性菌の広がりと良く似ていると言えよう．世界的に除草

剤抵抗性作物が栽培されて，耐性遺伝子が拡散して類似した除草剤耐性雑草が広がれば，大問題になるということである．

もう一つの心配は，除草剤の危険性である．ラウンドアップは毒性の強い除草剤で，この毒性の中心は除草剤本体の毒性（ただし，発ガン性の疑いがあり，低毒性とは言えない）ではなく，展着剤である非イオン系界面活性剤の毒性であり，展着剤を含む除草剤が増えているのである．またもう一つの除草剤バスタ（ヘキスト・シェーリング・アグレボ社の販売で一般名はグリホシネート）も危険な除草剤である．バスタは，植物がアンモニアを固定してグルタミン酸合成の過程を阻害する機能を持っていて，アンモニアが蓄積して枯れるのである．このグルタミン酸の合成阻害は，ヒトでも起きていて阻害によって「意識障害，呼吸回数の減少，無呼吸発作」が起きるのである．

C．殺虫性を持つ作物

害虫抵抗性作物というのは，作物の中に昆虫を殺す能力を組み込んだものであり，害虫だけを殺すわけではなく，益虫にもただの虫にも効く可能性がある．天笠（1997）[5] は，その意味で「害虫抵抗性というより殺虫性作物と言うほうが適切だ」と言っている．殺虫性を持つ作物は，土壌細菌から見つけられた昆虫を殺す微生物バチルス・チューリンゲンシス（BT : Bacillus thuringiensis）の殺虫性のタンパク質をつくりだす遺伝子を組み込んだ作物である．BT 剤自体は，すでに生物農薬・BT 剤として使用されているものであり，米国，カナダなどの森林害虫駆除ではかなり使用実績はあるが BT 剤とは別のものである．遺伝子組み換えの「殺虫性作物」として実用化されている害虫抵抗性作物は，ジャガイモ，トウモロコシ，ワタがある．害虫抵抗性作物では，作物の全細胞に殺虫性成分（BT タンパク質を食べると腸の細胞が破壊されて，栄養吸収ができなくなって死亡する）がつくられるために，作物を食害する昆虫は作物のどの部位を食べても成長が阻害され，幼虫期に死亡する．抵抗性作物は，特に植物を食害するイモムシやケムシと呼ばれるガやチョウの幼虫，あるいはハムシなどで有効である．

害虫抵抗性作物は，殺虫剤の使用量を減らせることによる，省力と薬剤使用量の減少によるコストダウン効果があげられている．

遺伝子組み換え作物（GMO）の開発，推進している中心的多国籍企業のモンサント社は，世界の食糧危機と飢えを救うには，GMOが不可欠であるとしている．しかし，モンサント社の本拠地があり世界一の食糧輸出国の米国で，貧困と飢餓で毎年数万人の子どもが死亡している問題を解決していない事実がある．また米国政府は，農業における遺伝子工学の利用は世界農業での優位を継続して保つ切り札として位置付けて，それに不利になる立法をしていない．また農産物や食品，医薬品の安全を管理する立場のアメリカ連邦食品医薬品局（FDA）の幹部は，伝統的にモンサント社出身者であり，逆に退職後にモンサント社に天下りしてきたと言われている．このような事情からも，遺伝子組み換え作物・食品の安全性の問題が心配されているのである．

D．日本政府の対応

日本政府の対応はどうかと言うと，穀物自給率27％，カロリー自給率40％であるが，価格競争と農民の高齢化で，食糧自給率のアップは容易ではないようである．農水省は2000年3月にモンサント社が開発した除草剤耐性の組み換えイネを，食用，加工用および飼料用として輸入することと，国内栽培を認める方針を出している．食用，加工用コメの輸入・販売は，厚生労働省の安全確認が必要になるが，飼料用としての利用や日本の水田での栽培は可能になっている．

日本モンサント社は，厚生労働省に対して食品としての安全確認の申請を出し，アメリカのミニマムアクセス米として輸出してくることになるだろう．組み換え作物の安全性チェックは「実質的同等」と言うモノサシでの安全性評価であり，多くの課題があるとされている．除草剤耐性作物の輸入で直接問題になることの一つとして，除草剤の残留が考えられる．ところがこの懸念を見越して旧厚生省（厚生労働省）は，1999年11月にラウンドアップの残留基準を，大豆についてはこれまでの6 ppmから20 ppmに大幅緩和した．現在厚生労働省が日本での流通を認めている組み換え作物は，大豆，トウモロコシ，ジャガイモ，ナタネ，トマト，ワタ，テンサイの7作物，29品種である．

E．収量の減少と農薬使用量の増加

遺伝子組み換えで収量が下がり，農薬使用量が増加した例がすでに出ている．河田は，「組み換え作物は世界的食糧危機を救い，農薬使用量を抑える，というのは虚構であることが明らかになりつつある」，としている．種苗10社

別在来種とRR大豆の収穫量を比較したのが表6.2である．最多収量品種同士の比較では，RRの収量は−10.5〜0％であり，最少収量品種同士の比較でも2例を除いて他は減収であり，平均収量はすべて減収である．

農薬使用量について見ると，RR大豆栽培農家では除草剤ラウンドアップの使用量は除草剤耐性ということから年4回も散布し，RR大豆を植えずに従来の品種を植え従来の総合雑草管理を行った農家に比べて，2〜5倍に増加する例が出てきている．雑草は1度だけ生えてくるわけではないことから，当然であろう．またアメリカ各地でラウンドアップ耐性雑草が出現しているとの報告もある．世界自然保護基金（WWF）カナダ委員会は2000年3月に「遺伝子組み換えで農薬使用量は減らないばかりか増加傾向にある」との警告文書を発表している．また「地球環境データブック2001―2002」でもアメリカのトウモロコシ，綿，大豆のいずれについても，遺伝子組み換え作物の導入は農薬使用量の目立った減少を導いていないと報告している．日本の厚生労働省は，ラウンドアップの残留量を大豆に対してこれまで6 ppmであったものを，2000

表6.2　種苗10社別在来種とRR大豆収量比較
（河田，2000[6]より）

RR大豆販売会社名	在来種に対するRR大豆の収量％：各収量別		
	最多収量同士比較	平均収量同士比較	最小収量同士比較
Asgrow	−5.2	−9.1	−11.7
Cole	−1.4	−3.5	1.5
Dairyland	−5.5	−5.0	−4.2
Dekalb	−5.3	−6.2	−5.8
Golden Harvest	−7.9	−1.0	3.1
Kartenberg	−9.3	−6.9	−2.9
M/W Genetics	−10.4	−9.3	−8.2
Pioneer	0.0	−2.0	−3.0
Stine	−10.5	−6.4	−4.4
Terra	−6.5	−9.6	−12.0
平　均	−6.2	−5.9	−4.76

年4月から20 ppmに緩和しており，この傾向は世界的な流れであり，健康と環境への安全性を犠牲にするものであろう．

F．安全性で懸念されること

組み換え作物・食品の安全性で，最も心配されることは，継続的に長期間食べた場合の慢性毒性，遺伝毒性およびアレルギーの危険性である．これまで指摘されてきた組み換え技術による問題点の例を見ると，日本の昭和電工（第二水俣病を起こした会社）の開発したトリプトファンという健康食品（？）は，1989年にアメリカを中心に死者38人，被害者約1万人の大被害をもたらした．トリプトファン事件は，ppmレベル以下の微量成分によって起きたものであり，検知は困難とされている．だから被害が発生するまで危険性を予測できないのである．

G．遺伝子組み換え技術をどう評価するか

植物の遺伝子組み換え技術は，未だ不完全な技術であり，問題点として上げられるのは，位置効果とジーン・サイレンシングが上げられる．位置効果は，すべて同じ塩基の配列を持った遺伝子であっても，染色体上のどこに存在するかによって，その発現する性質の強弱が異なる現象である．一般に遺伝子組み換えで導入したDNAが，染色体DNAのどこの位置に入るかはコントロールできず，偶然にまかされていることが問題なのである．その結果，導入遺伝子の発現量は，導入した植物の個体ごとに異なることになる．このばらつきのある組み換え植物の中から，目的にあう性質を強く発現している個体を選抜することになる．このようにして選んだ個体であっても，世代を経るとともにその発現量が低下して抑制され，ついには導入形質の発現がなくなるという現象（ジーン・サイレンシング）が起きるという課題が残されている．

これまで商業栽培されている遺伝子組み換え作物は，「生産者のメリット」あるいは，「流通加工業者のメリット」を中心にしたものであり，栽培における省力やコスト，日持ちの改良などであった．しかし，必須アミノ酸を強化した飼料用トウモロコシ，脂肪組成やタンパク成分を改変した飼料用および食品加工業用大豆，糖尿病・肥満予防などの生活習慣病対策やスギ花粉症に効果のある健康機能性イネ，栄養失調予防作物，環境浄化・モニタリング植物などの開発が進められている．

あるいは，塩害，低温，乾燥による耕作不能地での栽培を可能にするストレス耐性植物の開発の研究も進んでいる．従来難しかった育種の課題の達成が可能になることも含め，技術としては，人口増加に対する食糧の大幅増加の切り札としての期待も可能な技術ではある．この技術を，特定の企業や国の利益の道具にしようとする作物がまずつくられたことが問題なのである．

アメリカの有機農産物栽培者の１人は，「組み換え作物について，食べて安全かどうかよりも，遺伝子組み換え技術を独占する大企業が種子を支配する恐れがあること」．大企業による「種子支配によって地域農業が破壊されないかが心配である」と警戒している．

文　　献

1)　松田一郎：「動き出した遺伝子医療」，裳華房（1999）
2)　棚町隆造：現時点で体細胞クローン人間はつくるべきではない「クローン人間の計画って？」朝日新聞朝刊 3 月 19 日号（2001）
3)　大石正道：「生物学超入門」，日本実業出版（2002）
4)　大塩裕陸：遺伝子組換え技術の現状「遺伝子組換え植物の光と影」（山田康之・佐野博編著），学会出版センター（1999）
5)　天笠啓祐：「遺伝子組み換え（食物編）」，現代書館（1997）
6)　河田昌東：遺伝子組み換えで収量が落ち農薬使用量は増える（週間金曜日 318 号 6 月 9 日）（2000 年）

第7章

地球環境問題

7.1 環境と農業

農業と環境の関係は，多様であるが，環境汚染と多様な生物の生育場所という面が注目される．化学肥料や農薬の大量使用による土壌，河川や地下水の汚染があり，窒素肥料が発ガン性の硝酸態窒素になり，地下水や河川水を汚染する問題があり，同様に家畜の糞尿も地下水汚染上無視できない汚染源であることから法律でも規制されているが，まだ対応が不十分である．肥料の過剰な散布による環境汚染は，河川や湖沼，海洋の富栄養化とそれに関係した生態系への影響がある．

7.1.1 農業による環境破壊

農地の拡大は歴史的に見ると，人類が行った環境破壊の最初のものともいえよう．現在でも焼畑農業や熱帯雨林地域のプランテーションの開墾などによる森林の減少は大きな森林の減少要因の一つとも言える．しかし農業は自然環境と人工環境の接点にあり，牧草地や果樹園，田畑は一般的にはランクは落ちるが自然度を保った三次・四次的自然でもあり，重要な機能を保っている．

A．農地や放牧地の拡大

砂漠化の問題で触れたように，過放牧や降雨依存型農業では環境破壊的面が強く，土壌流出や表土の飛散，土壌の劣化，土壌の固結化などの問題がある．

また焼畑は森林を焼き払い数年で放棄され不毛の地が拡大することから，大きな問題になっている．

アフリカの砂漠化拡大の一つとして焼畑が上げられているが，本来のサイクル（20～30 年）で同じ場所を焼畑として利用する場合は，アフリカに適した農法とも言われている．しかし人口増加と食糧不足によって，サイクルを短縮して 10 年くらいの利用が繰り返されていることが問題なのである．同様の問題から牧畜でも過放牧が繰り返されている．

B．肥料と農薬による環境汚染とその対策

スエーデンでは農薬使用量の大幅削減のために 5 年間で半減という目標を設定し，その方法の一つとして農薬に対して一律に 20 %の価格賦課税を導入している．農薬を 1 ha に 1 回散布するごとに日本円で約 610 円のコストが加算されることから，1 農家当たりの平均耕作面積約 28 ha をもとに計算すると 1 回散布で 17,000 円のコストアップになる．この制度によって過剰な農薬散布の抑制効果がみられる．特に除草剤は大幅に使用量を減らせるという．またもう一つは，農薬を散布する農業従事者に対して 3 日間のトレーニングを行い，試験にパスすることを義務付け，5 年間有効な免許制を導入している．

肥料については農業由来の窒素流出の半減と，化学肥料の 20 %削減の目標をかかげており，窒素とリンに対して価格の 10 %の環境税を課している．さらに窒素，リン肥料に対しては，20 %の特別課徴金がつけられ，その課徴金は穀物の輸出補助金に使っている．この制度によって窒素，リンは約 12 %の削減がみられている．また家畜の糞尿の耕地への散布は春から夏場のみと制限し，秋から冬にかけては肥料の流出を防ぐために作物を植えて耕地を被覆し裸地化を防ぐことが奨励されている．過剰な窒素散布がないか定期的に土壌分析が行われている．ドイツやデンマークでは，長い冬に家畜の糞尿の貯留が大変なことから，単に貯留するだけでなく，糞尿からバイオガスを回収するという新しい流れが普及してきており，農家の新しい収入源にもなっている．

7.1.2 農業と環境保全

A．水田はビオトープ

ビオトープ（biotope）はドイツで使われた言葉であるが，「生物の生息空

間，生きものの棲む場所」のことである．多様な動植物が共存して生息できる良好な空間のことであるが，最近は自然環境を復元しようとする活動のなかで

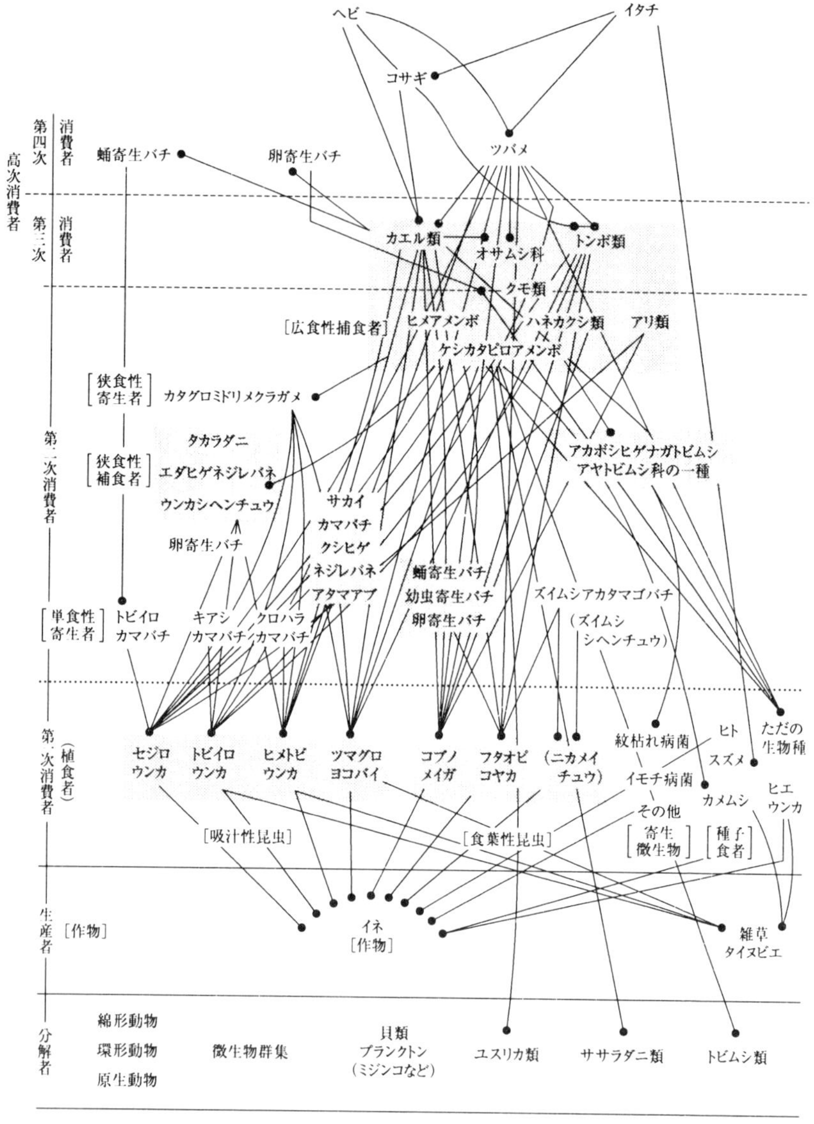

図 7.1　水田の食物連鎖と食物網（日鷹，1990[1]より）

使われている．また，学校の環境教育の一環として校庭内に，盛んにビオトープがつくられている．日本には大都市以外では，身近に水田がみられ，「水田はまさにビオトープそのもの」とも言えるのであるが，この点はまだ必ずしも認知されていない．最近，宇根らは，「水田は赤とんぼの古里であり発生源であると」と言っている．赤とんぼはウスバキトンボ，アキアカネ，ナツアカネ，ノシメトンボ，マユタテアカネなど多くの種の総称的な呼び名であるが，主な発生源は水田である．ただウスバキトンボは東南アジアから飛来して水田で産卵増殖する．日鷹によると図7.1のように水田には多様な生物相が見られ，複雑な食物網が存在する．まさにビオトープであり環境教育の場として大いに利用し生かして欲しいものである．

B．水田の多様な生物相

イネが栽培され農薬が散布されていない水田は稀な日本ではあるが，最近，減農薬やアイガモ農法として農薬を減らす，あるいは使用しない水田が出てきている．そのような水田では，イネの植食者（一次消費者）としてイチモンジセセリ，ヒメジャノメ，コブノメイガ，ニカメイチュウ，トビイロウンカをはじめ多様な昆虫が生息する．さらに二次消費者である肉食者と一次消費者の関係は，より複雑な「食うものと食われる」の関係が存在している．三次消費者であるトンボの成虫を例にみると，餌としての一次消費者のウンカ類とガ類の多くの種類を捕食している．

また，四次消費者のツバメは，4～8月に2回の子育てのために多数の昆虫を捕食していることが知られている．ツバメの捕食量に関して正確な数字がないが，スズメは子育て期に1番(つが)いで約5,000から10,000匹の昆虫をヒナに運ぶことが報告されている．ツバメは餌として三次消費者であるカエル類，オサムシ類，トンボ類，クモ類やその他多くの捕食性昆虫も食べている．また，四次消費者のアマサギでは，カエル類，クモ類，昆虫類がその食性のほとんどを占めることが知られている．農耕地の生物相は一般的には単純と考えられているが，有機農業の水田では，畑に比べて栄養段階が四次まであることからも，かなり複雑な関係が存在するようである．また単純に人間の都合で「益虫と害虫」と2分していることが多いが，どちらにも属さない「ただのムシ」も当然存在してもおかしくないし，「ただのムシが」有機農業水田では圧倒的に多いのに対して，普通に害虫や雑草の防除に農薬を使用する慣行防除水田では害虫が多いと日鷹は述べている．

C．多様な植物の繁茂する牧草地に助成金

ドイツのバーデン・ベルテンベルク州では環境調和的農業の導入とそれに対しての助成を行っている．植物種の豊富な草地は，花の色彩の豊かさによって，見るものを楽しませるだけでなく，多様な昆虫に貴重な生息空間を提供することにもなる．これらの草地の生態的な価値は高いが，牧草として飼料としてとらえた場合の価値は低いことが多い．伝統的牧草地の特定植物相が生育している価値に対して，報酬を払うことによって保全しようという助成が行われ

図7.2　MEKA II の中の草地の草花への直接支払いの格付けマニュアル

ている．州政府によって採草地の花のカラーカタログ（指標植物）がつくられており，草地の「植物相の目録」(図 7.2）の中に一定数の指標種が見つかれば助成金が支払われるのである．このようにして「牧草地の生物多様性と景観」を評価し保全しようという試みである．

この試みに対して，農民はこの制度に参加した動機として「直接支払いによる助成金」を上げているように，利益と結びつけることは重要である．また「農業が環境を保全すること」の意味として「景観の価値」を上げており，散歩，乗馬，サイクリングの人が，「農業が作り出す景観・風景を楽しんでいる」こと，またその結果として国民は助成金を出すことに異論を唱えず認めている．助成金によって「農家の所得も増えるし，環境も保全される」ことを評価している．

その意味では日本でも棚田や里山保全に助成金をつけて景観保全を積極的に行ってもよいのではと考える．維持保全には定年退職者なども積極的に参加できる，受け入れのためのソフトづくりが重要であり，地域での様々な活動とタイアップすることが必要であろう．

D．水田の洪水防止機能に補助金契約

水田にはビオトープとしての役割があるが，洪水防止機能，水源涵養，土壌侵食防止，風景形成などもある．中でも洪水防止機能については近年再評価されている．それは水田が大雨のときに雨を受け止めダムとしての機能を果たすからである．水田を埋め立てて宅地化が進んだ地域の都市部河川では，しばしば洪水が起きている．その理由は水田が宅地化し，舗装道路が増えて水田のダム機能が失われ，強い降雨があると短時間に河川に集中して流れ込むためである．具体的な例を表 7.1 で見ると，低平地水田では 1 時間以内の降雨の流出率は，わずか 1 %であり 6 時間後に 63 %になるのに対して，市街地では 1 時間以内に 70 %が流出することから，短時間に洪水の起きる危険性が高いことがわかる．

都市部の洪水防止のために保全水田という考え方が提案されている．これは自治体と土地所有者が協定を結び，洪水調節機能のある田畑に助成金を出して保全協定を結び，宅地化しないでおこうというものである．都市部に巨大な調整池をつくるには莫大な費用がかかるため，このような案が出てきた．千葉県

表7.1 立地条件別に見る降雨の河川への流出率（大坪，1994[3]より）

流域名	面積(km²)	立地条件	流量配分表						
			hr 0〜1	1〜2	2〜3	3〜4	4〜5	5〜6	6 hr以後
松名	0.53	低平地水田	0.01	0.03	0.06	0.09	0.10	0.08	0.63
今	0.55	低平地水田市街	0.05	0.09	0.11	0.14	0.11	0.09	0.41
山崎川	13.5	市街地	0.70	0.24	0.06				
植田川	18.9	市街地・田・畑	0.27	0.42	0.22	0.09			
外山第1	1.51	林地	0.13	0.20	0.10	0.09	0.08	0.07	0.33
外山第2	1.82	牧草地	0.04	0.47	0.24	0.11	0.55	0.03	0.06
苗代沢	0.67	林地	0.11	0.30	0.20	0.13	0.06	0.05	0.15

市川市では，1955年に1,330 haあった水田が現在366 haに減少している．この市川市は1966年，1968年，1986年と台風による大雨で大洪水に見舞われている．その原因の一つとして宅地化による水田の減少とこれに伴う地域の洪水調節機能の低下が問題にされた．同市では治水用として，16 haの調整池を造ったが用地買取りだけで120億円もの費用がかかった．そこで水田による遊水機能保全対策として，農家と協定を結び53 haの水田について補助金を出して埋め立て・宅地化を防ぎ洪水調整を行っている．新興都市における住宅地の洪水対策として，このような発想がもっと出てきてよいのではと考える．水田の水辺空間は，都市部の緑地と同様に温度上昇を抑える機能もあわせて持っているのである．

E．食糧自給は環境を守ることになる

わが国の食糧自給率は，先進国の中では飛びぬけて低く，圧倒的な輸入超過国である．穀物自給率は30％前後，世界市場の12〜13％の量を輸入していると言われている．このような状況で，1993年のガット農産物交渉の合意によるミニマム・アクセスによって一部コメ市場開放が行われている．このことによって，先進諸国はどこでも自給率の向上に努めているにもかかわらず，結果的にわが国ではさらに食糧の減産を促進するようなことになった．

食糧の自給は，経済的，政治的独立の基本と言われ，エネルギーと並んで重要な物質であるにもかかわらずエネルギー共々市場まかせである．このこと

は，市場の変動に大きく影響され，安定した国民生活が保てなくなる可能性が大きいということである．

1993年のコメ不作によって翌年1994年には各地で国産米の買いあさりや価格高騰，店頭から国産米が姿を消すと言うような混乱が起きたが，これはわずか生産量が10％減ったことによって起きたことである．自給率はコメと野菜を除いて全体に低く，日本食の代表と考えられる，味噌・醤油・豆腐の原料である大豆さえ大半が輸入に頼っているのである．

ところが，1999年には食料・農業・農村基本計画において，日本の食糧自給率の向上を目標として掲げた．目標年限と目標数値の明示ははじめてであるが，長期的には50％以上，当面は2010年までに45％まで引き上げるとしている．また食糧自給率目標としてはカロリーベース自給率が採用された．日本のカロリーベースの自給率は1999年で40％，穀物自給率は27％にまで低下している．

人口1億を超える10ヶ国の中で穀物自給率が30％以下の国は日本だけであり，世界の食糧需給に大きな影響を与えている．つまり，お金を持っている日本が大量に食糧を買うことにより，世界市場の食糧価格が高くなり，貧しい途上国は購入できなくなり，「場合によっては恨みを買う」ことになる問題をかかえているのである．

新農業基本法によると，「食糧は国民の生活に欠くことのできない基礎的な物資である．また農業，農村は農業生産活動を通じて，食糧の供給に加えて，環境の保全，水資源の涵養，緑や景観の提供，地域文化の継承などの公益的，多面的な機能を発揮している」と述べている．このようにようやく農業が国家にとっていかに多面的で重要な役割を持つかということを，なぜ今ごろになって言い出したのか不思議であるが，述べているように行動していくことは，悪いことではない．

ただし，真剣に自給率を高めようと思うのであれば，この50年で大きく変化した食形態を自給農産物にあった形に是正しない限り目標達成は困難であろう．現在私たちが食べている畜産物多消費型の食生活では，とうてい目標値の達成は難しい．大部分の餌を輸入に頼り，飼育を国内でやっているだけの畜産をどうするのか，ということから考える必要があろう．

7.2 食糧と人口問題

7.2.1 世界の食糧事情

現在先進諸国では，飢餓や栄養不良の問題で悩むことはなく，有り余るような食材・食糧に囲まれた食生活をしている．しかし，安定した十分な食事が確保されているのは，世界人口の約2割にすぎない．残る8割の人達は不安定，不十分な状態にある．

食糧の将来見通しは，21世紀には世界的な食糧危機の危惧があるといわれている．2010年には2億6,000万トンが不足になり，そのうち中国で1億6,000万トン不足するとの予測もある．食糧生産の増加には相当な努力が必要であり，この不足を「組み換え作物が救う」との考えも出されているがどうだろう．世界の人口が第二次大戦後の50年で倍増して60億人を越え，2025年には80億人になり，さらに2100年までに100億人に達すとの予測がある．現在，世界には飢餓上の人口が8億人，毎日餓死する子どもが11,000人にのぼる状況にある．この状況を解決するために，1996年にローマで世界食糧サミットが開かれ，はじめて世界の食糧問題が討議された．その結果ローマ宣言が採択され，次の7つの行動計画が誓約された．宣言の中心テーマは，2015年までに世界の栄養不足人口を半減することである．この目標実現のためには，特に途上国が，自国のレベルで食糧サミット行動計画を，いかに確実に推進していくのかにかかっている．主な行動計画は以下のようである．

①公正かつ市場志向的世界貿易システムを通じた世界の食糧安全保障のための施策の策定と実行

②伝統的な食糧作物の生産拡大・備蓄・輸入の組み合わせによる食糧安全保障

③世界貿易機関（WTO）加盟国のウルグアイ・ラウンド合意の完全実施

④途上国の食糧入手への配慮

また朝日新聞社説「地球人の世紀へ」(1996) では，世界の穀物需給は1960年代からほぼ10年単位で激しく変動してきたことを報じている（図7.3).

1960年代の過剰時代，1970年代の異常気象による不足時代，1980年代は途上国での「緑の革命」による過剰，1990年代ではアメリカの天候不順や旧ソ連を中心に共産圏の経済の市場化で計画経済がくずれ，不足に逆戻りしている．さらにこれまで穀物輸出国であった中国が，「肉を多く消費するようになり，飼料穀物の需要が増え」1994年から輸入国に転じたことも大きな問題と言われている．同紙では，世界の穀物市場の変動は，単に農産物の豊凶や人口の増加による需給ギャップだけの問題ではない．アジアの経済発展に伴う需要の増大が変動の一因であり，さらに世界的な市場経済への移行が穀物市場の変動を大きくしている点に注目している．

また，図7.3のように，アメリカの穀物在庫量のシェアを世界の穀物在庫量全体から見ると，1986〜98年の間に44〜22％へと低下している．これはアメリカがそれまで果たしてきた穀物の国際需給の逼迫したときの緩衝在庫を減らした結果である．アメリカは，東西冷戦構造が終結し，国内での農業財政削減の要請が高まり，これまでのような大量在庫維持が困難になったのである．

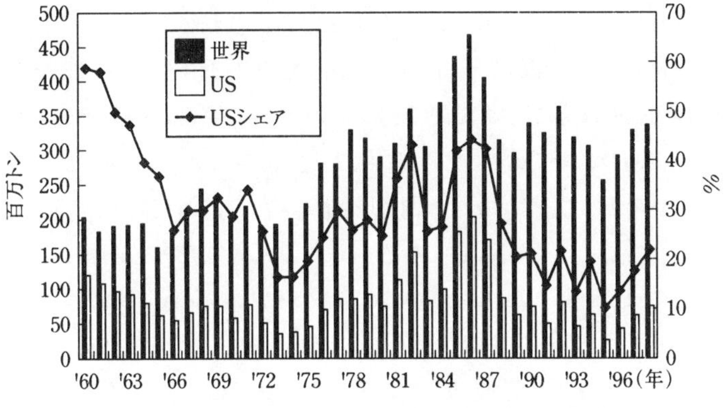

図7.3　世界とアメリカの穀物期末在庫量の推移
(USDA, "PSD View : August, 1999")（平岩，2000[8]より）

ただ「世界の食糧生産量と人口さらに飢餓の関係」を見ると，生産された食糧が平等に配られれば，飢餓で死ぬ人は出ないことが明らかになっており，「飢餓の問題は配分の問題である」ことがはっきりしている．先進諸国が「肉を多消費すればするほど，貧しい国々にまわされる穀物は減り飢餓人口が増える」

ことははっきりしている．飢餓を救う方法としては，「国際的な食糧の備蓄制度」をつくることと，「途上国への食糧生産技術の支援」が重要である．また焼畑を中心とした農業から，持続的耕作の可能な農業へと転換する技術の支援をし，熱帯林をこれ以上減少させないことも考慮する必要がある．食糧生産で心配されることは，これまで世界の食糧増産を中心的に担ってきた先進国では環境面から食糧生産には懸念が出ている．また食糧供給が不十分な途上国で，いまだに人口増加が続き，人口圧力による環境破壊が起きていて，農業・食糧生産は，地域の自然環境と密接な関係があるのである．

A．食物連鎖段階の限界と食糧生産

食物連鎖では，連鎖段階が1つ上がるごとに利用できるエネルギー量は減少することから，5段階以上の構造は稀である．総エネルギー利用量は，大型動物ほど多く，小型動物では少ない．食物連鎖における消費段階でのエネルギーの流れを見ると，通常は小型動物から大型動物へと移っていく．食物連鎖効率は，農業生産にとって重要であり，経験的な積み重ねと，品種改良によって絶えず高める努力がなされてきた．

その一つとして，連鎖段階を少なくする努力がされている．もう一つは**生態効率**（ecological efficacy）が平均10％前後であるのを，いかに高めるかであり，その代表的家畜がブタである．ブタは普通の家畜の中では最も成長効率の良い家畜であり，その値は20％にもなる．それに対して肉牛は，ブタの半分以下と低いために生産コストと飼育時間がかかり，餌として飼料穀物を大量に必要とするために，牛肉は高くなる．ちなみに穀物だけを飼料として与えた場合，肉牛を1kg太らせるためには穀物が7kg必要であり，ブタでは4kg，ニワトリなら2kgですむことから，肉の価格もこれに対応している．

アメリカで生産される穀物の70％以上は，家畜に供給されている．ウシは家畜の中で特に飼料変換率の低い動物であり，アメリカではウシを「家畜のキャデラック（大型高級車）」と呼ぶ人もいる．アメリカ人が年間消費する肉2,800万トンのために，人間が食べることのできる穀物，豆類，その他植物タンパクを年間1億5,700万トンも家畜に食べさせている．

アメリカの輸出穀物の2/3は，家畜に与えられ，飢えた人々の口には入らないことを大部分のアメリカ人は知らない．インドのように植物性食糧を中心に

食べれば，地球上で養える人口はもう少し大きくなる（表 7.2）．

表 7.2　人口と食糧（三宅，1984[4] より）

	世　界	アメリカ	日　本	インド
1人1日当たり熱量(cal)				
植物性食糧	1,978	2,145	2,157	1,890
畜　産　物	377	1,128	232	95
魚　介　類	19	27	90	5
合　計	2,374	3,300	2,479	1,990
オリジナル・カロリー	4,617	10,041	4,096	2,555
世界の1日当たり総供給熱量				
1970年	17 兆 cal			
世界の上限	34 兆 cal			
人口支持力				
1970年	37 億人	17 億人	40 億人	67 億人
世界の上限	74 億人	34 億人	81 億人	134 億人

B．食糧生産へのエネルギー投入量

近代的食糧生産は工業的農業様式と言われ，多量の化石エネルギーを機械化や化学肥料，農薬，灌漑施設，園芸施設につぎ込んで成り立っている．このエネルギー使用量は，途上国などで行われている前近代的農業様式と比べて，約7倍となっているが，生産されたエネルギー効率で見ると 4.1 と前近代的農業様式 6.9 よりもかなり低いという問題がある．さらに投入したエネルギーに由来した農薬や化学肥料，その他農業用資材の生産利用によって起こる環境破壊や汚染が問題になっている．単位面積当たりの収量を増加させるためには，化石エネルギーの投入はいまや不可欠であるが，将来化石エネルギーの高騰，さらに枯渇も考慮する必要がある．

ここで岡崎（1998）によって，世界の所得水準と平均栄養摂取量およびエネルギー消費量の関係を見ると以下のようである．

所得水準と栄養摂取量の関係は，所得水準 2,000 ドル未満では 2,452 kcal，2,000～10,000 ドル未満の場合 2,904 kcal，10,000 ドル以上では 3,300 kcal

であった．所得水準と摂取カロリー量の間にはそれほど大きな差は見られない．

次に世界のエネルギー消費量と所得水準の関係について見ると，世界の1人当たり，エネルギー消費（石油等価 kg）は，低所得層（所得水準 2,000 ドル以下）では 432 kg，中所得層では 2,000〜10,000 ドル未満では 1,627 kg，高所得層の 10,000 ドル以上では 4,879 kg とエネルギー消費量の関係は所得水準の差によって大きな違いのあることがわかった．将来的には，「人口増加と食糧の問題」よりも「人口増加とエネルギー消費量増大」の影響がもっと大きいと予測されている．先進国の人口増加は，ごくわずかであるが，1人当たりのエネルギー消費需要は膨大なものであり，今後世界人口全体のエネルギー消費量に対する供給能力が大きな課題になる．ちなみに，わが国の各種農業におけるエネルギーの投入量と産出量の関係を見ると表 7.3 のようになる．食べてエネルギーになる量を投入エネルギーで割り算したものであり，1以上であれば効率が良いことを示している．表 7.3 から見るとイモ類は比較的効率が良いが，ハウス栽培の果菜類（ピーマン，トマト，キュウリなど）は非常に効率が悪く，特にボイラーで加温する場合は「冬にキュウリ1本食べることは灯油 5 ml 使うに等しい」というようなことである．年中新鮮な野菜を食べるということは，エネルギー多消費である．海外から輸入する農産物は，生産エネルギーは少ないかもしれないが，輸送エネルギーは大変なものである．特に，空輸ともなればとてつもない化石燃料の消費になることを認識する必要がある．

表 7.3 わが国の各種農業のエネルギー産出／投入比（資源協会，1996[5)]）

農 業 タ イ プ	産出／投入比	農 業 タ イ プ	産出／投入比
カンショ生産	3.70	ピーマン(ハウス無加温)	0.11
バレイショ生産	1.30	キュウリ(ハウス無加温)	0.095
コメ生産	1.09	イチゴ(トンネル)	0.053
キャベツ(露地)	0.61	トマト(ハウス無加温)	0.038
ミカン(全国)	0.51	キュウリ(ハウス加温)	0.022
モモ(全国)	0.26	ピーマン(ハウス加温)	0.020
メロン(露地)	0.20	ハウスミカン(加温)	0.013
トマト(ハウス無加温)	0.16	ブドウ(ハウス無加温)	0.011

7.2.2　途上国の貧困と過剰人口

A．世界の人口分布のかたより

世界の人口の分布は，1960 年代には途上国で 70 %を占めていたが，現在はさらにその割合が高まり，80 %となっている．また途上国でも都市への人口集中傾向があり，世界では毎年 6,000 万人が都市に移動し，2030 年までに 50 億人が都市部に住むことになると言われている．また国境を越えた移動も増加しており，出稼ぎを中心に 1 億 2,000 万人が海外に出ており，本国への送金額は 700 億ドル（8 兆円以上）と言われている．

人口増加は，途上国で続いており，その理由の一つは「子どもは，多ければ多いほど良い」とする認識がある．それは，子どもが多いことは，安上がりな家族労働力が多いことであり，収入につながっている．また都会で働かせれば，現金収入になるメリットがある．さらに親にとって老後の保障への期待という面も含めて，子どもが多いことのメリットがあることから，人口増加は止らないとも言われている．実際には発展途上地域の人口増加は，むしろ経済発展の障害となっているのが事実である．現在は国家的家族計画プログラム，国際協力援助，経済的社会的開発計画の実施と成果によって増加は減少してきており，21 世紀には人口増加を抑制する先進地域型の人口動態になると期待されている．

現在の人口増加の原因は，出生率の増加ではなく，先進国による医療援助と食糧援助による死亡率の低下が原因であることが知られている．その結果アジア諸国では，少ない土地に過剰な人口がひしめきあっており，自活できるだけの食糧を生産できる農地がない．慢性的な貧困によって借金を繰り返し，土地を手放して小作化が進んでいること，あるいは土地を手放して都会に出て，農業以外の職業につくことになり，上記のように都会の人口増加へとつながっている．しかし，都市部へ出てもまともな職業はなく，ゴミ捨て場や河川敷，鉄道線路沿いなどのスラムの住民となるケースが少なくなく，都市部のスラムには，水道も下水道もなく，伝染病が頻発している地域が広がっている．

B．人口増加はなぜ止らないか

先進諸国は途上国に対して人口抑制を強く求め，避妊技術の普及を提案し，アメリカを中心に避妊具を提供した．しかし，途上国の宗教的な伝統や社会制度は避妊を受け入れず，人口抑制効果は上がらなかった．次に考えられたのは，社会政策として女性の教育と地位向上であったが，宗教や社会制度と関係する強い性差別が残る途上国では，女性のための政策は行われにくいし，単に少産化政策を進めようとしても根本的解決にはならない．西洋型の商業型農業は，途上国を貨幣中心の経済システムに組み込み，自分の食べ物もお金を出して買わなければならない状態にした．その金を手にするために子どもを産み，働き手とする「手っ取り早い方法」と関係している現実問題が解決しないと，人口問題は解決しないのである．

世界では，読み書きできない人が9億6,000万人存在すると言われ，そのうちの約7割が女性である．この状況が，避妊指導のネックにもつながっており，人口増加にも関係している．また女性は，性感染症やエイズ（HIV）に対して弱い立場に置かれている．貧しい農村部の女子は，借金のカタや食い扶持減らしに都会に出されて，売春をさせられる．つまり性交渉相手が感染者とわかっていても，拒否できる権利さえない状況に置かれている．

また教育問題は，貧困からの脱出，人口問題，環境問題，食糧問題などすべての問題に係わると言われている．先進諸国は，国連などを中心に，地球環境問題と同様に，初等教育の普及，基礎的保健，家族計画，栄養の向上にもっと

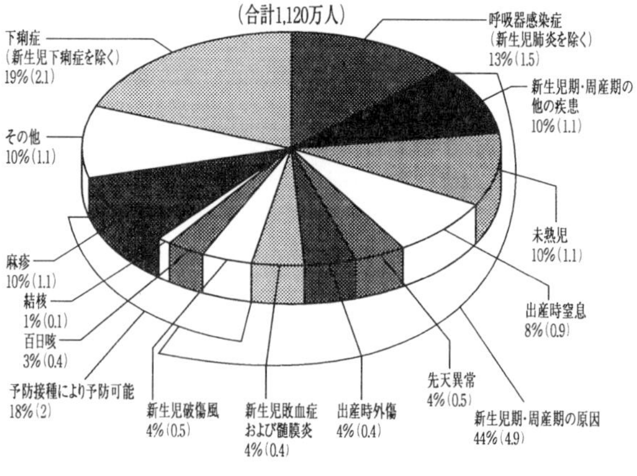

図 7.4 途上国の5歳未満児の主要死因 1995年度
（日本医療企画，2001[6] より）

力を注ぐ必要がある．エイズ感染者が世界で2000年には4,000万人に（予測），サハラ以南で850万人，東南アジアと東アジアでは300万人になると予測されている．

途上国における5歳未満児の死因の上位は図7.4に示すように呼吸器感染症，結核，天然痘，ジフテリア，小児麻痺，ハシカ，破傷風などの感染性の病気が占めており，これらを解決する対策としての援助なしに人口問題は，解決しないであろう．ただこれら上位の病気の多くは，予防接種により予防可能な病気と医薬品があれば助かるものであり，解決策はすでにある病気である．また下痢で死亡する子供の数も非常に多く，これは煮炊きと飲み水の問題との関係が強いものである．

7.3　環境破壊と砂漠化

7.3.1　環境破壊のパターン

地球規模でみると，環境破壊には大きく4つのパターンがある．その一つは先進国型であり，他には新興工業国型と後発途上国型および社会主義国型である．先進国型は，企業からの工場廃水や排気ガスなどに含まれる汚染物質について一通り排出源の規制ができている．しかし莫大な量の資源とエネルギーの浪費による大量消費型環境破壊がある．これは大量生産，大量消費，大量廃棄がセットになっており，経済の巨大化と浪費を続けている先進国のパターンである．現在問題になっている二酸化炭素やフロンガスおよびダイオキシンやPCBなどの廃棄物やその他による汚染である．また日本の場合，消費者である多くの一般市民による廃棄物や家庭排水に関連した環境汚染も含めて汚染源も被害者も不特定多数の市民であるという問題もある．

A．新興工業国型（経済発展に伴う環境破壊）

急速に工業発展している国々で起きているのは環境破壊と環境汚染である．主に1970年代以降に工業品の輸出を急増させた発展途上国で，輸出指向工業化政策のもとに，生産と雇用に占める工業部門の比率が高く，先進工業国と比べた場合に1人当たりの国民所得の格差を縮小させた国を**新興工業諸国**

(NICS) と呼んでいる．先進国は近年，コスト削減のために，人件費が安く環境汚染に対する規制のゆるやかな途上国への生産部門の移転と，現地との合弁会社設立などを活発に行い，環境破壊や環境汚染を起して裁判で被告になっているケースも少なくない．環境汚染に対する規制は日本の1960年代の垂れ流し時代と大差ない状況である．東南アジアのASEAN諸国や中国，韓国，ブラジル，メキシコなどである．

B．後発途上国型（貧困と生活苦に由来する環境破壊）

貧困型の自然環境の破壊であり，自然を破壊しないと生きて行けない後発途上国で起きている問題である．人口増加と食糧不足，それを補うための無理な農地の拡大と草地・草原の生産力以上の過放牧が行われている．自然の生態系そのものが破壊され復元できなくなり，不毛化する．主にアフリカのサハラ以南，インド・パキスタンや周辺国あるいはカリブ，中南米一帯で起きている．

C．社会主義型

共産圏東ヨーロパや旧ソ連における環境破壊であり，ブレーキをかける市民も政党もないことから，ひどい環境汚染と破壊が行われてきた．対立政党も批判する市民も存在しない共産圏では，汚染の垂れ流しと環境破壊がすさまじいことがわかった．計画経済，公営企業はある種のノルマ至上主義で環境汚染を無視して生産が続けられ，新しい公害防止設備なども軽視された結果であろう．現在シベリアのタイガ地帯の森林伐採による生態系の破壊とそれに伴う貴重な野生生物の減少が憂慮されている．しかも伐採されたタイガの針葉樹の大半は日本に輸出されている．近年，合板加工するための北米産の針葉樹や熱帯林からのラワン材の供給減少をカバーするために，極東地域やシベリア地域のカラマツ輸入が伸びている．日本では，このタイガ地帯の天然林を輸入しながら「熱帯林の木材を使わない環境にやさしい製品」と広告することさえあると言われている．極東地域の天然林の大面積伐採によって凍土が溶け出し，洪水が頻発している．また一方で山火事も起きており，極東地域で毎年数万haのタイガが火災になっているが，報道されることもなく自然鎮火まで放置されることが多い．

D．資源採掘がもたらす環境破壊

鉱物資源の採掘は，金，銀，銅をはじめ鉄鉱石，石炭，ウラン，ボーキサイトなど多岐にわたっている．採掘はこれらの資源を掘り出すだけではなく，大量の細かい砂状やヘドロ状のカス（選鉱スライム）がでる．例えば，小さな金の指輪１つつくるのに，３〜10トンの土砂が掘り出される（図7.5）．そのために自然の生態系が破壊され，大気，水，土壌がいかに汚染されるかを考える必要がある．

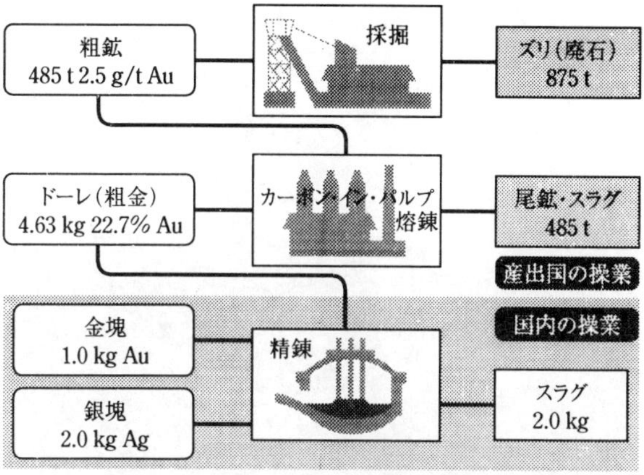

図7.5 金（Au）のマテリアルバランス
（谷口，2001[7] より）

谷口はパプアニューギニアのブーゲンビル島の金・銅鉱山の環境破壊の例を次のように紹介している．

毎日10万トンの大量の選鉱スライムが選鉱過程で出てくる，これを捨てるためのダムを築いたが選鉱カスがこのダムから溢れ出して，近くの川に流れ出し川を汚染し，魚や飲み水に被害を及ぼした．さらに流れを妨げられた川は，周囲の熱帯林を水とヘドロで埋めて，熱帯林に生息する多様な生物の生存と先住民の生活を脅かした．

また，ブラジルのアマゾン川やフイリピンのミンダナオ島では水銀による水俣病に類似した中毒患者が多発している．これは，採掘した金鉱石や砂金に水銀を加えて金と水銀のアマルガム合金をつくり，この合金を加熱して水銀を蒸発させて金を採取する方法により，大量の水銀が廃棄されて水銀汚染が多発している結果である．開発途上国の鉱山開発には先進国の非鉄金属メジャーや多国籍企業が関係しており，日本の企業も参加している．開発企業は，環境汚染を起して裁判になっている例が幾つもあり，開発企業の責任が問われている．

日本でも足尾の鉱毒事件（古川鉱業）で知られる栃木県足尾は，銅精錬過程で発生した亜硫酸ガスによって周囲一帯約 2,500 ha の樹木が枯れ，また，渡良瀬川に流れ出した鉱毒を含む選鉱カスによって流域の水田に多大な被害をもたらした，近代日本で起きた公害の原点とも言われる問題である（図 7.6）．

図 7.6 足尾銅山（河内，2000 年 8 月撮影）

日本は年間 6.7 億トンの主要資源を海外から輸入しているが，指導者層の中にその背景に採掘，精錬に伴う自然破壊と環境汚染を起していることへの知識も認識も全くない．資源循環型社会と言うことの背景として，この問題も十分に認識し，再資源化に本気で取り組むことが必要である．

ところで，携帯電話が普及し，次々に新しい機能を備えたものが売り出され買い換えられている．廃棄される携帯電話の重さは 1 台 100 g，この中には 0.028 g の金が含まれている．したがって，携帯電話 1 万台（1 トン）集めると，金が 280 g 採れることになる．携帯電話は，金鉱の採掘から考えるととてつもない純度の金鉱石である．通常，金鉱石 1 トンに含まれる金は，0.3〜5 g という単位なのである．同様のことが IT 機器や多くの家電製品にも言えることで，金，銀，銅，プラチナ，その他有用金属が含まれているわけだがコスト問題から無視されているのが現状である．これらを有効利用するための技術開発は環境汚染と破壊を減らす大きな力になるのであり家電リサイクル法によってようやう回収されはじめた．

7.3.2 地球の砂漠化

砂漠化の脅威は，私たちとは別世界のことと思うかもしれないが，すでにわが国，特に西日本各地では中国からの黄砂というかたちで，砂漠の砂が毎年降り注いでおり，特にこの数年ひどくなっている．砂漠は年間降水量 200 mm 以下の場所であり，砂だけでなく砂礫のところもある．

砂漠化は生態的に不安定な乾燥・半乾燥地域および半湿潤地域において，人間の耕作や牧畜も含む活動や気候の変動など，様々な要因によって起きる土壌の劣化であり，その背景には，その地域の社会的，経済的な状況が関係する．頻発している干ばつによって，砂漠化の進行は加速して広がっている．砂漠化は単に土地の乾燥化だけでなく，より広くとらえて土地の劣化を含めており，砂漠化には土壌の侵食とか，土壌の塩害を受けた土地も含まれている．

中国の砂漠化は（中国では砂漠は主に「砂ではなく沙を使う」，つまり水が少ない地の意味なのである），二つのタイプがある．一つは乾燥草原および荒漠草原を農業用に開墾した耕地が砂漠化する．二つ目は固定砂丘の開墾および薪用伐採，放牧などによって固定していた砂丘が流砂に変わった場合である．

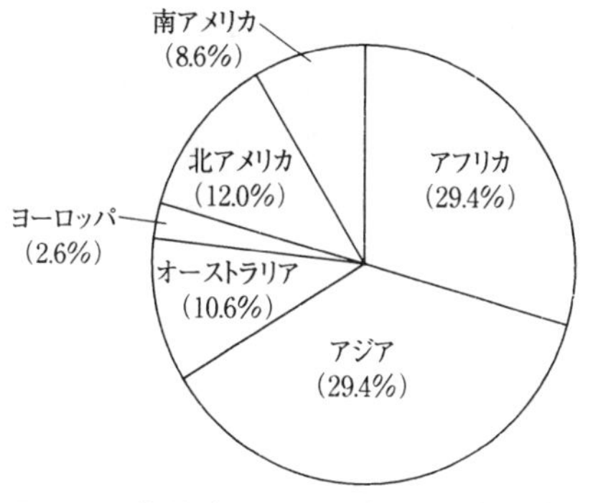

図 7.7 乾燥地における砂漠化地域の割合（環境庁　企画調整局　地球環境部：砂漠化防止対策への提言．砂漠化防止総合対策検討会中間報告書，1994 より）

砂漠化の進行している面積の最も大きいのはアジア大陸であり，次いでアフリカ，北アメリカでありこの 3 大陸で 78.2 %にもなっている（図 7.7）．地球上の砂漠面積は，陸地面積の約 30 %もあり，毎年 600 万 ha も拡大しており，この内の 80 %以上の土地では過耕作と過放牧が原因である．

森林や農耕地の砂漠化は，いまに始まったことではなく，有史以来人間の活動によって多くの肥沃な地が砂漠になっている．その典型的例として知られるのは，今日のシリア・イラク領チグリス・ユーフラテス川流域地帯であろう．紀元前5000年頃メソポタミア南部，シュメールの地で大規模な治水と灌漑のための施設が発達し，農耕社会が成立し生産の増大，集落の形成，さらに都市が発達してメソポタミア文明で知られるシュメール王国，バビロニア王国がつくられた．肥沃な大地と豊かな森を背景に，運河，用水路，大規模な灌漑による農業が行われ，高度な文明を示す世界最初の絵文字，さらに楔(くさび)型文字がつくられ粘土板に刻まれている．

人口の増加とともに，居住地確保や都市建設のために大量のレンガが焼かれ，また生活のため燃料の供給と耕地の確保のために，森林を大規模に伐採し，それに伴って土壌の保水力が低下し，土砂の流出が起き洪水が頻発した．また，長期間の灌漑農業により土壌の塩分濃度が高くなり，ムギの収量が減少し衰退していったと考えられている．文明をとりまく環境は変化し，砂漠が拡大していき，かつて栄えた都市国家は砂漠に埋まっている．文明は森によって繁栄したが，文明を衰退させていったのも森である．森林と人類の歴史について「文明の前に森があり，文明の後に砂漠が残る」ということが，世界各地で起きている．

A．砂漠化の現状と防止

砂漠化の要因は，気候的要因と人為的要因の2つに大きく分けられ，この2つが相互に影響して砂漠化は拡大している（図7.8）．人為的要因としては，過放牧，過耕作，薪炭材の過剰採取，不適切な灌漑農業などがあり，この背景に貧困，人口増加，食糧不足，人口移動問題などがある．貧しい農民にとって，過剰耕作以外の選択肢はなく，地力が低下して作物ができなくなったら土地を放棄してその土地は砂漠化し，農民は移動して新たな耕作地を確保することが繰り返されているのである．また，砂漠化の進展は，気候変動の拡大や過剰放牧の原因にもなるというように，悪循環がさらに砂漠を拡大している．

急速な砂漠化は，農地や牧草地の生産力の低下をもたらし，人間の生活に破壊的な影響をもたらす．土地の生産能力の低下は，住民の食糧難と薪の不足をもたらし，さらに人間の生死にかかわる飢餓の脅威となる．その結果として最悪の状況では，農民は土地を放棄し，難民となって国外へ流出，さらに極端な

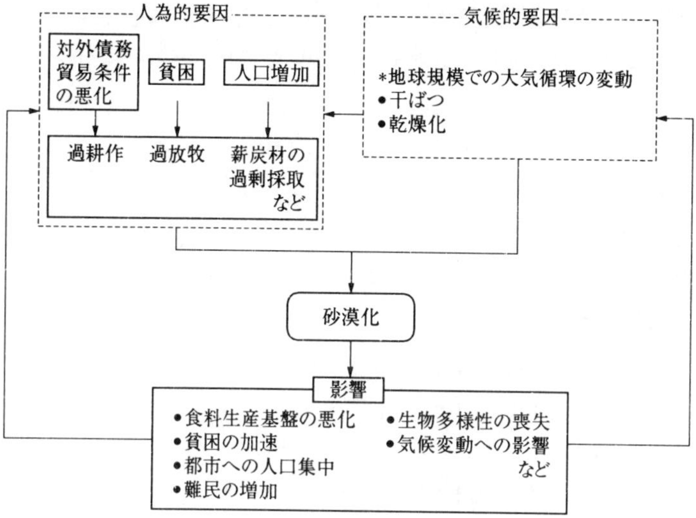

図 7.8 砂漠化問題の構図
(環境庁 企画調整局 地球環境部：砂漠化防止対策への提言．
砂漠化防止総合対策検討会中間報告書，1994 より)

場合には民族間や国家間の紛争の原因にもなってきた．

国連環境計画（UNEP）の報告によると世界の乾燥地域の面積は 61 億 ha であり，そのうちの 9 億 ha は砂漠であり，残りの 52 億 ha は乾燥，半乾燥および乾燥した半湿潤地域であり耕作可能な地域である．そのうち砂漠化の影響を受けている土地面積は，上記の耕作可能な乾燥・半乾燥・半湿潤地域の 70 %，約 36 億 ha，地球の陸地面積の 25 %を占め，砂漠化の影響を受けている人口は約 9 億人，全人口の 15 %にもなっている．

B．過度な放牧と降雨依存型農業

限られた面積の草地で過剰な数の家畜を飼育すると，植生を減少させ餌として適した面積の可食性永年草が減少し，家畜の食草として不適当な 1 年草が増加する．このようにして，餌になる草が不足すると，可食性の草を根こそぎ採食することになり食草の根絶が起こる．このようにして露出された土地面積が拡大して，降雨や風が吹くたびに表土の侵食が繰り返され，さらに家畜による土地の踏み固めによって，土壌の固結化が進んで土壌の保水能力が減少し，次第に不毛の砂漠の拡大となっていく．特にアフリカやオーストラリア，アジアの内陸部で過放牧による土壌劣化と砂漠の拡大が進んでいる．

モンゴルでは従来の放牧から都市のウランバートル周辺に集中的に遊牧民が集まり，高く売れるカシミヤ生産と都市部の住民に売るヤギ乳のためにヤギの飼育中心になり，さらに移動範囲が狭く，放牧地の草が不足していく典型的な過放牧が起きている．またこれは解放経済政策の影響であるが，それまでの個人個人の家畜飼育頭数の規制がなくなったことから，各人はヒツジやヤギを最大数に増やしたことが重なって，砂漠の拡大に拍車をかけている．

C．灌漑農業と塩害

古くから灌漑農業が行われてきたナイル川流域やチグリス・ユーフラテス川の流域では，塩害（salt injury）が問題になってきている．灌漑した水に含まれるナトリウムやカルシウム分が，土壌に蓄積してアルカリ化し，不毛の地となっている．塩害で特に問題になるのは，ナトリウム塩であり，ナトリウム塩は土壌をアルカリ化して固くし，さらに浸透圧の関係から植物細胞から水分を奪うなどの害を起こす．

エジプトでは，古代から塩害はあったが，ナイル川の定期的洪水によって，土壌に蓄積した塩類が洗い流され，塩害は小さくおさえられていた．しかしアスワンハイダムの建設によって，洪水がおさえられ，灌漑施設が整備された結果，塩害が拡大して，せっかく乾燥地帯に灌漑水が行き渡ったにもかかわらず，砂漠化が拡大しているのが現状である．

D．森林の減少と薪の不足

現在アフリカ各地では，深刻な燃料不足が広がっている．第三世界の大多数を占めるおよそ20億人の人々は，木を燃料にしている．つまり世界の3分の1の人々にとってのエネルギー問題は，薪不足である．世界で伐採される樹木の半分は，調理と暖房用の燃料として利用されているが，そのうちの80％は第三世界が占めている．伐

図7.9　太陽熱を利用して煮炊きをする器具（河内，2002年撮影）

採のペースは樹木の自然生長速度を上回っており，樹林の破壊が進んでいる．

乾燥地帯では，薪の採取によって土壌表面を覆うものがなくなり，風や降雨による土壌侵食が起きており，特にアフリカではこれが原因の土壌劣化が進んでいる．薪の採取によって，せっかく植林した樹木が失われることも少なくないが，煮炊きができずに病気にかかる人々，特に子どもへの被害が多い現状からすると，単に禁止しても解決にならないことから，代替エネルギーの援助が必要であろう．その一つとして太陽熱を利用した，一種のかまど（図7.9）の提供はすぐにできる方法として検討すべきであるし，ガスボンベの定期的提供などを具体化する必要があろう．

E．砂漠化を防止するために

アフリカ・サヘル地域では，1960年代から1970年代にかけて大規模な干ばつが発生したことから，1977年に国連砂漠化防止会議が開催され，「砂漠化防止行動計画」が採択されて国連レベルでの取り組みがはじまった．しかし，具体的な行動は資金不足や社会的・政治的状況から砂漠化を止められなかった．そこで国連総会において，1994年6月までに「砂漠化防止条約」の採択を求める要請がなされ，1994年10月に日本を含む86カ国が署名し，1996年12月に発効した．1997年3月には，砂漠化対処条約実施全アフリカ会議が開催され，7つのテーマ別ワークショップの成果をもとに「地域行動計画」が決められた．テーマは，①アグロフォレストリー（森林農業）と土壌保全，②牧草地の使用と飼料農作物，③国際河川，湖，水域の統合管理，④自然資源マッピング・リモートセンシング・早期警報システム，⑤再生可能・新エネルギー源，技術，⑥持続可能な農業システム，⑦環境改善と人材育成，の7つであり，これらを促進するためのネットワークづくりが行われている．

F．砂漠の植林

砂漠化を止めるには植林が効果的であるということで，日本のボランティアを中心に中国・内モンゴルと黄土高原での植林が1990年代から継続的に行われている．植樹数はポプラを中心に内モンゴルだけでこの10年間に200万本を越えているが，日本人による植林ボランティアに期待されるのは，植林そのものもあるがそれに付随した他の面，植樹を手伝った現地の小学生やその他学校の生徒，地元住民の意識の向上などがある．また植樹団を通じて日本から様々な支援を受けることで，植樹の有効性を高めていくこともあるようだ．例えば，現地で使用する植樹およびその後の維持管理に欠かせない送水ポンプやホースが日本から直接持込まれて威力を発揮している（図7.10）．植林は砂漠のどこでも木を植えれば良いというものではなく，植林時には保水剤としてピート（草炭）を根元に付けて十分水を与えて植え，その後一定の水管理が可能なところでないと枯死することから，地下水が汲み上げられる所でないと無理である．

図7.10 内モンゴルにおける植樹の様子（河内，2001年撮影）

中国政府も近年植林に力を入れ，毎年1人当たり3～5本の植樹を義務化している省（日本の県に当たる）もあるが，その後の十分な管理がないままに枯死する面積が少なくない．水路を整備した植樹は順調に生育し，整備されないところでは枯死率が高くなっている．中国の植林は，中国の利益だけでなく，日本の黄砂現象を止め，日本の異常気象をおさえることにもつながる．さらに隣国中国との環境を通じた平和外交の面での価値も大きいと言えよう．

砂漠化している地域はアジア，アフリカだけで全体の6割以上を占めているがそれぞれの地域で，その地に適した植物種を選択して緑化をしないと成功しない．水の利用効率が高く，温度変化にも強く，光合成能力を持つ植物が望ましいが，適した植物の選択と苗作り，植林後の手入れが重要であり不可欠である.

砂漠の緑化には水が不可欠であるが，砂漠でも全く水がないということはない．しかし，地下水が深い場合には動力のついたポンプが必要になる．またその水も有効に使う必要があることから，土壌改良剤としてピートを利用する，あるいは保水剤として高吸水性樹脂を土や砂に混ぜ込んで，スプリンクラーや点滴灌漑を使って，効率的な水利用を行うことができる．しかし，これらは非常に高価であり，安く手に入れることを可能にする技術の開発と援助が望まれる．

7.4 地球温暖化と生物

7.4.1 地球温暖化問題

地球温暖化は，化石燃料の大量使用によって大気中の二酸化炭素や車の排気ガスの増加あるいは，し尿や有機物からのメタンガス発生などに由来する，温室効果ガスが増大して地球を膜状に取り巻き，地球の熱が逃げにくくなって，地球の温度が次第に上昇していく問題である．加えて，大量に二酸化炭素を吸収してくれる熱帯林の減少が，この問題に拍車をかけている．その意味で前述の焼畑農業から持続的農業に切り換える農業指導と援助が重要なのである．100 年後には平均で地球上の温度が 1～3.5 度上昇すると予測されており，この影響と思われる異常気象が世界的にすでに起きている．

わが国ではこのところ暖冬がほとんど毎年続いており，暖冬はもはや異常気象ではなくなったようである．世界的に見ると，1988 年にはアメリカの大干ばつ，中国南部では熱波，バングラデシュでは大洪水が発生している．1991 年と 1993 年には中国とアメリカでは洪水があり，一方，1991 年にはオーストラリアでは干ばつに見舞われている．さらに，1996 年には中国とインドシナ半島で大洪水が起きている（表 7.4）．これらの気象災害の原因は明らかではないが，「二酸化炭素の増大による温暖化」と関係している可能性を示唆する人と，気象変動の範囲であるとする人がいる．

気象変化の原因として**エルニーニョ現象**が上げられているが，エルニーニョ

表 7.4 1990年～2002年における世界の代表的気象災害（気象庁異常気象レポートから作成）

発生年	アジア	ヨーロッパ	アフリカ	オーストラリア	アメリカ合衆国
1990	東アジア暖冬	暖 冬	干ばつ	洪 水	
1991	中国洪水			干ばつ	南部洪水
1992	フィリピン干ばつ，パキスタン洪水		干ばつ		北部暖冬，中東部低温・豪雪
1993	中国洪水，中国南部熱波				中西部洪水，南東部熱波・干ばつ
1994	中国南部洪水	暖 冬			北東部寒波
1995	アジア南部洪水	西部洪水	干ばつ		カリブ海ハリケーン
1996	中国寒波・洪水，インドシナ半島洪水	寒 波			寒波・干ばつ
1997	東南アジア高温		南東部大雨・洪水	小雨・干ばつ	南米大雨・洪水
1998	中国洪水，東南アジア干ばつ・森林火災		東部・中東干ばつ		熱波・干ばつ（カリブ海・中南米のハリケーン）
1999	北東アジア干ばつ，中国南部・東南アジア洪水		東部・中東干ばつ		東部干ばつ（中米・南米北部の洪水）
2000	北東アジア干ばつ，メコン川洪水	南部干ばつ，北西部洪水			干ばつ・森林火災
2001	中国・朝鮮半島干ばつ，華南からインドネシアの台風被害，カンボジア・インドシナ・ベトナム・タイ洪水		アルジェリア・ナイジェリア洪水，モザンビーク洪水		アメリカ・カナダ干ばつ・森林火災，中米諸国干ばつ
2002	中国・韓国の洪水，中国干ばつ，東南アジア洪水，インド熱波・干ばつ	ドイツ・オーストリア・チェコ洪水，フランス・イタリア洪水	ケニア・エチオピア・セネガル洪水	東部で集中豪雨	ペルー・ボリビア・ブラジル・ウルグアイ洪水，ニューヨーク市干ばつ

現象は，数年に一度南米ペルー沖の海水温が上昇する現象であり，これは半年から1年以上続く．東太平洋の海水温が2～3℃上昇することによって，東太平洋の赤道上空の大気が暖められ，上昇気流が発生する．この気流が亜熱帯地域に下降して高気圧を発達させ，北太平洋の低気圧を日本付近まで押し上げて，日本付近は暖かい空気で覆われことによって暖冬と夏の猛暑，多雨と少雨

など変動が大きくなっていると考えられる．特に都市部の夏季温度は明らかに上昇傾向を示し，この100年間では最低気温，最高気温とも1℃前後，3〜4℃上昇している．

7.4.2 温暖化の直接的被害

温暖化の影響として，最も問題視されているのは南極や北極，その他の氷河などの氷が溶けることと，海水の熱膨張などにより，2100年ころまでに，海水面が平均でおよそ50〜100 cm上昇し，地球の陸地の一部が水没するとされる点である．特に南太平洋のサンゴ礁の島国では，国全体の水没が心配されている．また，急激な温度上昇により，生物の分布への影響などが心配されている．さらに，以下に示すような，異常気象や大型台風の頻発による多面的被害が心配されている．

A. 健康被害

まず問題になるのは，健康被害があげられ，人間の健康に及ぼす地球温暖化

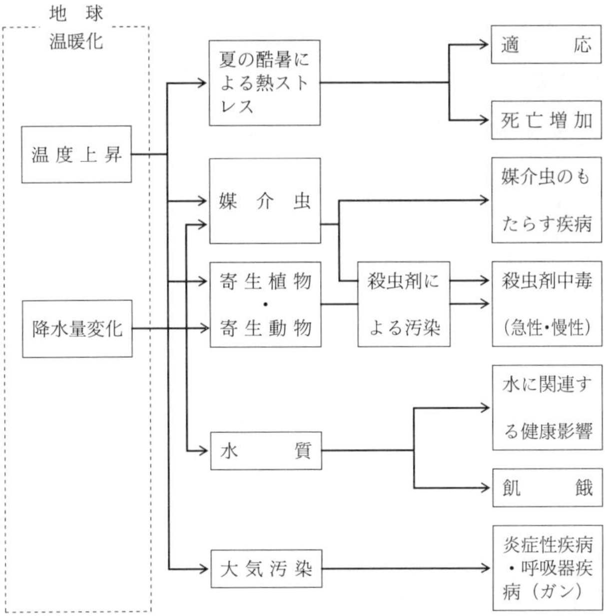

図7.11 地球温暖化が人間の健康に及ぼす影響の予測（茅，2002[8]より）

の影響予測が図7.11に示されている．温度上昇による影響と降水量の変化による以下のような影響が考えられている．

①熱帯地域の病気や媒介昆虫の北進，つまり，マラリア，デング熱の増加（蚊による媒介）がある．

②夏季の酷暑による熱ストレスによる死亡率の増加．

③干ばつによる食糧不足と栄養不足による健康被害の出る地域と，洪水の増加による都市部の衛生状態の悪化による，様々な感染症が蔓延する地域が出る．

④高温による害虫の多発や雑草の繁茂に対して農薬，除草剤の使用が増加して残留も高まり，環境汚染に由来する健康被害も懸念される．

⑤熱波の長期化によりアレルギー原因物質の拡散が多くなり，呼吸器疾患が増加する．

と予測されている．

また，アメリカやヨーロッパですでに発生しているエボラ出血熱やラッサ熱，その他に黄熱病やデング熱，さらにマラリアの再上陸など多くの熱帯地域の病気が心配されている．

B．農業被害

もう一つの問題としては，以下に示すような農業被害がある．

①高温による病害虫の大発生

②亜熱帯・熱帯性の病害虫の北進

③集中豪雨型の大雨による土壌侵食と耕地の減少

④干ばつの頻発による食糧生産量の減少

⑤大型台風・ハリケーンによる農業被害の増大

⑥ナイルデルタ域，ガンジス河口，アマゾン低地，オランダ，東南アジア，中国沿岸の水没

日本国内では，九州は高温化によってタイ米のようなコメ（粘り気の少ないインデカ米）しかつくれなくなる可能性が出てくる．また，①，②，③で指摘したようなことや，ゼロメートル地帯の水没による，耕地面積の減少が考えられている．

また，表7.5では，二酸化炭素濃度倍増時の気候を予測して，現在の農業技

表 7.5 主要作物の世界平均収量への気候温暖化の影響評価

作物	温暖気候だけ			温暖気候－CO_2 効果		
	GISS	GFDL	UKMO	GISS	GFDL	UKMO
コムギ	－16	－22	－33	11	4	－13
コメ	－24	－25	－25	－2	－4	－5
トウモロコシ	－20	－26	－31	－15	－18	－24
ダイズ	－19	－25	－57	16	5	－33

(注) GISS：ゴッダード宇宙研究所モデル（$\Delta T=4.2°C$，$\Delta r=11\%$）．GFDL：地球流体力学研究所モデル（$\Delta T=4.0°C$，$\Delta r=8\%$），UKMO：イギリス気象局モデル（$\Delta T=5.2°C$，$\Delta r=15\%$）．ΔT と Δr は，300 ppmv レベルでの値と 600－700 ppmv レベルでの温度と降水量のそれぞれの差を示す．
（平岩，2000[9] より）

術水準の下で主要作物の単集に対する影響を推計している．温暖化のみを考慮した場合には，いずれの作物も，大幅な減収となっている．二酸化炭素濃度上昇による光合成の増加を考慮に入れると，減収は幾分緩和されるが，全体としては減収を示す．

C．気温上昇が生物に及ぼす影響

地球温暖化による気温の上昇は，生物に大きな影響を及ぼす．気温の変化に敏感な性質の生物種は，分布を拡大して適温範囲の境界付近に生育する種や，局地的に生育する種であろう．植物では，気温が 2°C 上昇すると分布可能な気候帯が緯度方向で 200～300 km，また垂直方向で 600 m 変化すると言われている．短期間に 2°C も温度が変化するなら，植物はその変化のスピードについていけず，枯れてしまうものや絶滅する種が出てくるであろう．例えば，ブナ林で考えると，気温上昇によって，北に 300 km，また高度では 600 m 上昇移動する必要があり，その後に照葉樹林のスダジイの林が茂るはずであるが自然の状態でうまく移動するのは難しいであろう．

D．チョウで見られる温暖化の影響

分布調査の行き届いているチョウ類を指標として，昆虫の日本国内での北方・高緯度地方への分布の拡大について見ると，少なくとも 64 種ものチョウでその傾向が見られる．この傾向は海外，例えば，ヨーロッパ大陸でも報告さ

れており，34種のチョウで北方への分布拡大が見られる．このようなチョウの北上・分布拡大の要因は，気候の温暖化による冬季の温度上昇や，食草（食樹）の植栽地域の拡大などの環境変化要因が一つ考えられ，もう一つは休眠性や耐寒性など昆虫自身の季節的適応に関する性質の変化が考えられる．

近年，注目されるのは，「気候の温暖化による環境の変化」に注目が集まっており，環境変化と生物の関係が議論されている．特に国内での分布拡大が顕著でその状態が明らかな種として，ナガサキアゲハが上げられる（図7.12参照）．ナガサキアゲハは，1940年代には山口県が分布北限であったが，1990年代には近畿全域に分布が拡大し，現在では東海・関東地方まで広がっている．その理由解明のために，沖縄産・鹿児島産・大阪産の個体群における蛹の休眠性や耐寒性を比較検討したが，差は見られなかった．また，気象条件との関係を見ると，現在の大阪府における冬季の温度は，山間部を除くと本種の致死限界温度以上であるが，1950年代では本種が越冬するには厳しい温度であったと推定された．このようにナガサキアゲハの分布の拡大は気候温暖化によると結論されている．

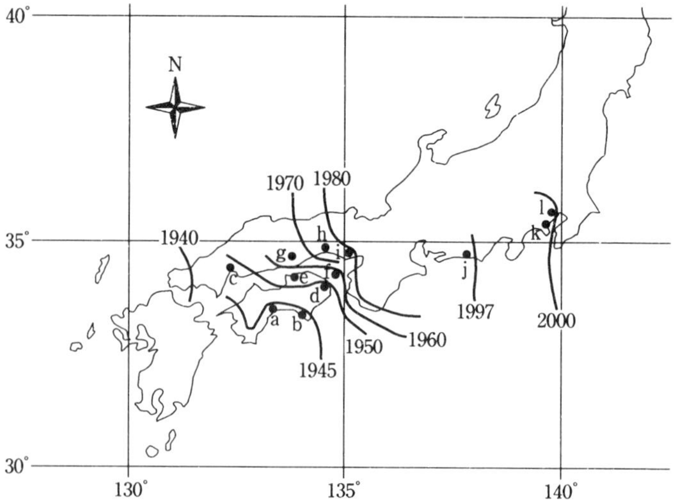

図7.12　ナガサキアゲハの分布拡大（北原ら，2001[10] による）

次に，同じくチョウのタテハモドキについて見ると，このチョウはかつて，中・北部九州では迷蝶とされてきたが，土着北限の北進を続けており，近年では福岡県南部まで分布を拡大している．その北進の理由として気候温暖化が注目されている．日本の年平均気温はこの100年間で0.9〜1.0℃上昇している(環境庁地球環境部，1994)．特に1980年代後半からの上昇が顕著であり，この間で約0.5℃上昇している．昆虫類は変温動物であることから，温度条件の影響を強く受けやすいこと，また寄主の有無によって分布域を制限されることが知られている．チョウでは，温度条件と寄主植物（食物）の2つの環境要因を調べれば，ある程度の分布範囲の予測が可能になる．

タテハモドキの九州における分布範囲の変動を見ると，図7.13のようであり，1970年代までは鹿児島県南部と宮崎県の海岸が北限であった．それ以降，年々土着の記録は北上しており，現在は福岡県南部の大牟田市から久留米市周辺まで北進している．タテハモドキの食草は，オギノツメやスズメノトウガラ

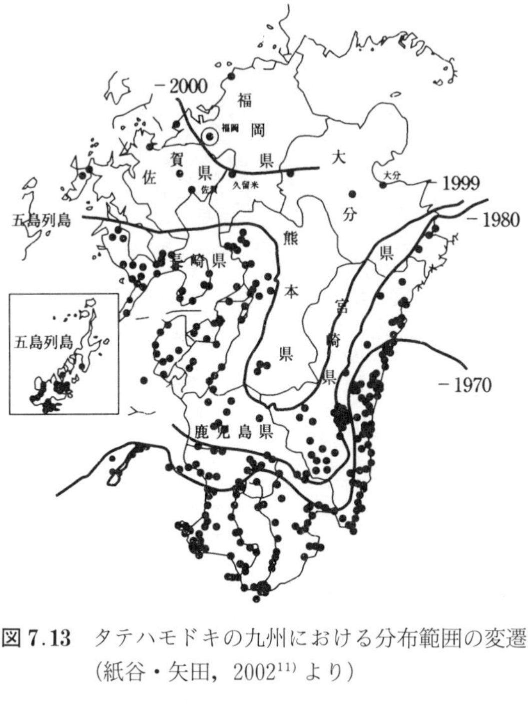

図7.13　タテハモドキの九州における分布範囲の変遷
(紙谷・矢田，2002[11]より)

シであり，これらの分布範囲は東海地方まで広がっていることから，条件次第ではタテハモドキが土着することも可能であろう．現在もすでに夏から秋にかけて土着化の北限以北でも発生を見ることがある．分布の北限が宮崎市にあった1970年代の宮崎市の年平均気温は，16.8℃であったが，現在の分布北限である久留米市の平均気温は17.5℃（1998年）となっており，越冬が可能になったものと考えられる．

E．異常気象と保険

異常気象は，何十年，何百年に一度くらいの頻度で起きる気象現象のはずであるが，1980年代から1990年代にかけては，世界的に記録的な猛暑，厳寒，豪雪，干ばつ，台風被害が頻発している（表7.4）．頻発することから異常ではなく，日常の現象になっている感がある．この異常気象の原因は先にも触れたが，地球温暖化と関係しており，人間の産業活動の影響であろうとする説が出ている．

アメリカ南東部では，このところ何回も強烈なハリケーンの直撃を受けている．1992年には，20世紀の間にアメリカ人が体験したビッグスリーに入るハリケーンの直撃により被害総額3,000億ドル，30万人が家屋を失っている．ハリケーン（台風）は海水温が26℃を超えると発生することが知られており，海水温が3〜4℃上昇すると50％増加すると試算されているし，海水温の高い時期が長くなれば，それだけハリケーンの発生も期間が長期化し発生数も増えるであろう．1991年には西日本一帯とバングラデシュが台風の大きな被害を受け西日本では広大な面積の山林被害が出たし，1994年には中国で大被害をもたらした．2002年にはドイツ・オーストリア・チェコ・黒海沿岸と広い範囲で大洪水となった．その結果，保険業界は熱心に異常気象の調査をしている．災害が起きれば保険金の支払いが増えることから，支払いのリスクをいかに予測するかが，重要な課題なのである．ちなみに，1992年のアメリカのハリケーンによって，アメリカの保険会社が8社も倒産している．世界の保険会社の支払い金額は，1980年代10年間の140万ドルに対して，1990年代は6年間だけで480万ドルと3倍以上の支払になっている．

7.5 環境問題と水

7.5.1 飲み水の危機

古代から今に至るまで，人間の暮らしは常に水とともにあり，文明の栄えたところには河川がある．水は「文明の母」とも言われ，世界の四大文明はいずれもナイル川，チグリス・ユーフラテス川，インダス川，黄河と大河川のほとりで誕生している．人の暮らしには「飲み水，調理，体や衣類を洗う水」が必ず必要であり，河川はこのような水を供給してくれることから，人は水辺に居住する．また河川は魚介類，あるいは鳥や獣も集めてくれることから，漁労，狩猟の場をも提供してくれる．さらに河川は交通網や水車のような動力源ともなるし，水力発電と現代の文明のもととも言える電気をも生み出す「母なる川」である．このような多面的な恩恵を与えてくれる水であるが，命の源である飲み水が危機的状況にある．

飲み水は，途上国を中心にして量的不足，水質汚染による被害などが拡大しており，水に起因する食糧難，伝染病の発生，洪水の多発などもある．また人口増加，都市開発，産業発展に伴った水需要の増加をきっかけに，水をめぐる国際紛争の増大が上げられる．途上国での病気の 80 %が汚水に起因すると言われており，飲み水に関係した病気で子ども達は約 8 秒に 1 人死亡（毎日 11,000 人死亡）していると伝えられている．飲み水に起因する主な病気として，コレラ，赤痢，ウイルス性肝炎，腸チフス，寄生虫病などが上げられているが，これらの病気は，少し以前には日本でも各地で発生していた病気である．

いまや「安全な飲み水はビジネスチャンス」と世界的にボトル入り飲み水の売上げが急速に拡大しており，その取水場所をめぐるトラブルも発生している．実際に「きれいな水のコスト」を見ると以下のように随分高価なものになる．

- 海水の淡水化に通常要する費用 ⟶ 1 m³ 当たり 1〜1.5 ドル
- 1996 年にアメリカの消費者が家庭用ろ過装置に費やした金額 ⟶ 14 億ドル
- 1997 年に世界全体で瓶詰の水に費やした金額 ⟶ 420 億ドル

・アメリカジョージア州のアルチョビー川 5.5 km の範囲に沿った湿地が年間に行う水質改善の推定価値 ⟶ 300万ドル
・ベネゼエラにおいて，13箇所の国立公園の森林が伐採された時に失われる水の補給に必要な費用 ⟶ 1億300万〜2億600万ドル
・ジャカルタ市公共水道の水を煮沸消毒するために消費者が支払った費用 ⟶ 年間960億ルピア（当時の換算で5,200万ドル）

水汚染によって淡水魚は20％の種が絶滅の危機にあり，また地下水の過剰な汲み上げにより，バングラデシュや中国の一部で砒素汚染が拡大している地域が出ており，また地下水の過剰汲み上げによる地盤沈下や塩害が発生している地域も少なくない．このような水条件の逼迫した地域で最近注目されているのは，雨水利用である．ベトナムをはじめ各地で昔から利用されている方法ではあるが，先進国でも水の有効利用として図7.14のように屋根に降った水を集めて地下水槽に貯めて利用するものであり，降り始めを除けば雨水はかなりきれいであり，それほど高価な施設なしに利用価値の高い水が手に入る．

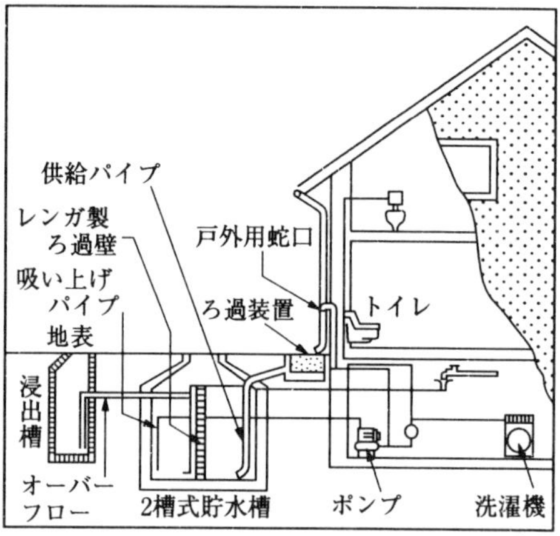

図7.14 ドイツの雨水利用システム
（毎日新聞 1994・8・21 朝刊より）

世界全体では，農場からの排水，工業排水，人間のし尿を含むすべての排水のうち，飲料用や灌漑，工業用などに利用されている河川に流入する前に浄化処理されているものは，10％以下と言われている．

A．日本の飲み水は安全か

日本の水道水は，衛生的に安全性の確保のために塩素殺菌をすることになっている．しかし，塩素殺菌による問題点や塩素で解決しない問題もいくつかあるので紹介しておく．

a．クリプトスポリジウム

この問題は，塩素殺菌しても効果のないクリプトスポリジウムという目に見

えないくらいの大きさ（4～5 μm）の原虫が最近各地の水源で見つかっていることであり，この原虫は，通常の浄水システムによる濾過では除去できないのである．

クリプトスポリジウムは，ヒト以外にもウシ，ウマ，ブタ，イヌ，ネコ，ネズミの体内でも増殖し，ヒトの体内に入ると増殖して腹痛を伴う下痢（3～7日）を起こし免疫機能が低下することが知られている．数年前に埼玉県で約9,000人が集団下痢を起こしてクローズアップされて注目された問題である．

b．硝酸性窒素

施肥や畜産排水や生活廃水の土壌浸透処理などが原因で地下水の硝酸性窒素の汚染濃度が上昇しているのである．この汚染した水によって，メトヘモグロビン血症が起きて，チアノーゼ症状を起こすことが問題である．特に乳幼児の場合が問題であり，呼吸困難症を起こす，あるいは血中酸素が不足し，肌が青白くなり（ブルーベリー病とも言う），脳障害を起こすことや死亡のケースさえある．硝酸性窒素で汚染した水でミルクを溶かして継続的に飲ませることや，硝酸性窒素分の多い野菜を離乳食で多く食べさせたときに問題の起きることがあると言われている．

c．トリハロメタン

水道水の原水中の有機物汚染やアンモニア濃度が高いと発生量が多くなることが知られている．トリハロメタンの問題は，発ガン性，肝細胞ガン，肝臓毒性，腎臓毒性，中枢機能の低下などが懸念されている．この問題は，水道の原水の汚染を防ぐことが重要であり，水道水源地周辺に廃棄物処分場やし尿処理施設およびゴルフ場などの建設を規制すること，牧場のし尿が流入するのを防ぐことなどが重要である．

d．アスベストと鉛の問題

水道管自体から溶け出してくることが問題とされている．つまり，水道管のさび止めとしてアスベストの入った塗料が塗られた時期があり，これが塩素で溶け出す問題である．アスベストによって消化器系（食道，胃，腸）のガンのリスクが高まるが，日本では基準が決められていない．また，鉛の水道管がいまでもかなり使用されており，鉛が水道水に溶け出す問題もあり，これによって神経障害，脳炎，痴呆，腎臓障害が起こるという問題がある．

e．浄水器とミネラルウオーター

このように，先進国であるはずの日本でも飲み水への課題が少なくないのが実態である．これまでは，飲み水の量の確保が中心だったわけであるが，これからは，質の面での課題をどうやって解決していくのかが重要である．あとで詳しく述べる化学合成物質であるダイオキシンや環境ホルモン（外因性内分泌攪乱物質）も深刻な問題である．

以上のような飲み水への不安を反映して浄水器とミネラルウオーターの売れ行きは右肩あがりであり，いまでは「ガソリンよりミネラルウオーターが高い」時代となっている．ミネラルウオーターは年間1,000億円も売れているとの報告がある．また，世界的にも「安全な飲み水はビジネスチャンス」と考え世界的にボトル入り飲み水が売上げを伸ばしており，国際的には1999年の報告で5兆円の売上げになっており，水源地の私有化などの問題から世界各地でトラブルも起きている．

一方， 全国における浄水器の普及状況を示したのが図7.15であり，特に東京，大阪では一般家庭の40％近くが設置しているようである．浄水器をつけた理由の上位は，「安全性を確保する」，「水道水がまずいのを改善する」「身体にいい水をつくる」などがあげられている．

大都市住民の中には飲料用の水はすべてミネラルウオーターにし，煮炊き用

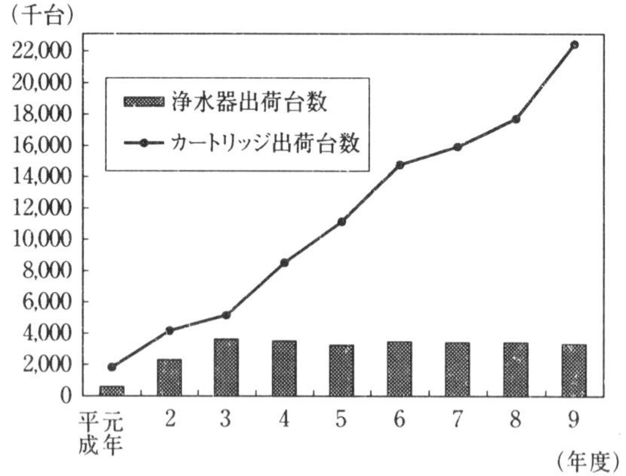

図7.15　浄水器およびカートリッジの普及状況
（国土交通省ホームページより）

表 7.6　水道水におけ水質の課題

問　題　点	説　　　明
①水道水の異臭問題	ダム・湖水の富栄養化により，かび臭，藻臭，生ぐさ臭を出す藻類や放線菌の繁殖が原因．泥臭もある．
②化学物質汚染問題	発ガン性を示す有機化学物質トリクロロエチレン，キシレンなども一例．地質・地下水の汚染で有名
③農　薬　問　題	除草剤，殺虫剤，殺菌剤．単独での検出濃度は低いが，春から夏にかけては原水中の合計濃度は高くなり，複合汚染による飲料リスクの上昇が問題
④消毒副生成物問題	消毒剤が水中の有機物と反応して発ガン性など有毒な副生成物を生成する問題
⑤環境ホルモン問題	超微量で生体の内分泌攪乱作用をする．水道原水の全国的調査や給水装置の材料溶出の調査を開始
⑥微　生　物　問　題	原生動物クリプトスポリジウムやアメーバは急速ろ過機から漏出し，塩素消毒も効かない
⑦ウ イ ル ス 問 題	一般的に大腸菌よりウイルスが多く存在する．濁度分が残れば中に隠れ，消毒効果が落ち，飲料リスクが高くなる

の水は浄水器の水を使い，食器洗いと洗濯，風呂のみ水道水をそのまま使用していると言う人も少なくないという．なぜこのように水道水の評判が悪いのか，その原因として代表的なものは臭いであり，まずカビ臭い，生ぐさ臭，藻臭などの悪臭がある．この理由は，湖やダムの水質汚濁が進み，水が富栄養化するとカビ臭，生ぐさ臭，藻臭を出す藻類が繁殖して水に異臭味がするようになること．もう一つは，泥臭と厨芥臭があり，これらは都市排水により汚濁した水環境で，堆積した底泥に泥臭や厨芥臭を混ぜたような臭いが付くからである．これは以下に示すように「河川や湖の水をいかに清浄に保つかということと，飲み水供給における安全確保とが一体になっていない」，それぞれの省庁の不統一と「川下対策」しかない結果であろう．表 7.6 のように水道水質に多くの課題があり，その対策が不十分であることが，一般市民を自己防衛にはしらせていると言えよう．

f．なぜ飲み水にリスクがあるのか

このような背景には日本の河川水や地下水に対する行政の汚染への対応が後追い的で，「飲み水の安全確保が下流対策中心」，つまり「汚染した水をどう処

理してキレイにするか」と言うことから起きていることと言えよう．汚染源になるものを徹底して減らす努力「予防原則」に立った対策を立てる時代に来ているといえよう．汚染源である廃棄物最終処分場やゴルフ場，し尿処理場の建設場所を決定する際には十分な環境アセスメントを実施して選定に配慮する必要がある．このことは，「国民の健康と福祉」にかかわる問題であり，将来の医療費の負担を軽くし健康で長生きできるかどうかを決める重要な課題であることへの認識が重要である．

水道水を供給する自治体でも市民の要請によって，より高度な処理を行い，よりおいしい水をつくるために，高度浄水処理が広まっている．高度浄水処理とは，これまでの浄水処理工程では除去できなかった汚染物質を処理するため，オゾンや粒状活性炭を使った生物処理や膜処理である．高度浄水処理によってカビ臭がほぼ完全に除去でき，トリハロメタンおよびそれ以外の有機物質の大幅な低減，クリプトスポリジウムなどの感染性微生物に対しても安全性が高まる．さらに農薬などの微量化学物質など多くの物質を減らすことができるとされている．高度浄水処理は従来の浄水処理に生物処理・オゾン処理・粒状活性炭処理を加えたものであり，コストがアップすることになる．

上流水源地域に点在する山間地の集落では下水道普及は難しいが，家庭の生活排水を放置するわけにはいかない．その対応として普及させる必要のある施設として，合併浄化槽がある．下流で大量の水道水を取水している都市部としては，自ら利用する原水の汚染を減らす方法として，財源の少ない上流域の合併浄化槽に多少の補助をしてでも設置してもらった方が，安全でキレイな飲み水確保につながるであろう．

合併浄化槽には処理能力の高いものも出てきており，処理水を中水道として水洗トイレの流し水や散水にリサイクルできるレベル

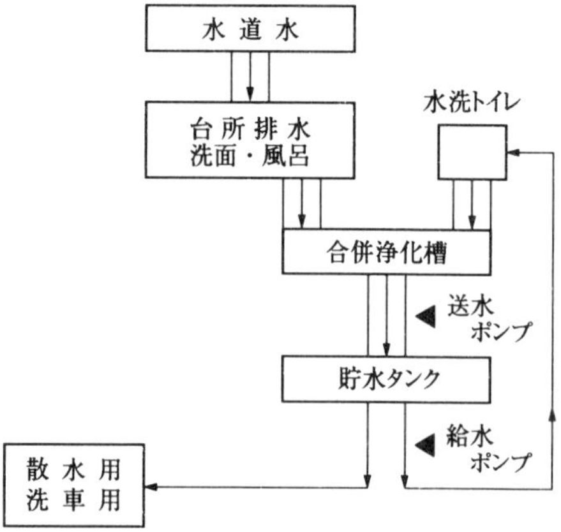

図7.17 個人総合浄化槽再生水の利用

(BOD値1 ppm）を維持できる．ちなみに，中水道利用の具体例を示すと図7.17に示した配管に合併浄化槽の処理水も貯水するように建築当初に計画しておくと，たいした費用もかからずに再生水が効果的に利用できる．さらに雨ドイからの雨水も貯水タンクに入るようにしてあることから，雨水も簡単に利用でき，水の有効利用ができることになる．大がかりな，下水道の普及だけが河川水の汚染を防ぐ切り札ではなく，小回りのきく身近な施設の方が安上がりで効率的な場合も少なくないのである．

7.5.2 生物と水

生命の誕生は約35億年前と言われており，陸上から川が流れ込んでいた浅い海で発生したとされている．その浅い海には，多くの無機物と有機物を溶かし込んで，いろいろな物質が混じりあっており，生命が誕生する環境を整えていた．水には他の液体にないような，多くの物質を溶かす性質があり，そのことによって水は各種の化学反応を進行させることができた．また水は，比熱が大きいことから，温度変化が小さく化学反応の進行速度を一定にする特性がある．これらの水の性質は，化学反応を総合して進行させる性質を備えていると言える．その結果として，生命は浅い海で誕生したのであろう．このように，生命は海水の中で発生したと推定され，また生物体が細胞膜で覆われて，海水と独立した内部環境を持つことができたときに，生命が誕生したと考えられている．海で誕生した動物は長い進化の過程を経て陸上にも進出したが，それは体表面の皮膚で細胞と細胞外液を外気と遮断している．細胞外液は古代の海に相当する物質を含むと考えられており，私たちの体の中に海があるという説もある．ヒトも含めて哺乳類は血液や体液などの細胞外液の濃度を一定に保つ機能を持っている．この機能は浸透圧でコントロールされており細胞膜を水が通過して濃度調節されるが，「ノドの渇きによる飲水と排尿」によって塩分濃度0.85％に相当するよう濃度を調節する．この2つの作用によって，水分バランスを一定に保っているが，この濃度バランスは，ナトリウムイオンとカリウムイオンのバランスが関係している．ヒトは一日に取り込む水分は，飲み水から1.2 l，食事から1.0 l，体内で生成される分が0.3 l の計2.5 l であり同量を発汗，呼吸も含めて排泄している．体内のすべての血液は，1分間に120 ml

という膨大な量が腎臓を通って濾過されており4〜5分で全血液が腎臓を通過する。

ヒトの体の60％は水分であり，内訳は細胞外液として15％（このうち血液に5％）細胞内液は45％であるが，乳児の水分割合はもっと高い。エネルギー燃焼と生命活動を保つための新陳代謝は，物質代謝とも言われ生物体内の水溶液または水和物として合成・分解する反応であり，水なしに生命活動はありえないのである。

文　献

1) 日鷹一雅・中筋房夫：「自然・有機農法と害虫」，冬樹社（1990）
2) 宇根　豊：「百姓仕事が自然をつくる」，築地書館（2001）
3) 大坪政美：国土・環境保全と水田の機能.「コメ問題を学ぶ」，自治体研究社（1994）
4) 三宅貞祥監修：「現代生物学」（三宅貞祥・荻原玲二・片山平ら編著），東京教学社（1984）
5) 資源協会編：家庭生活のライフサイクル・エネルギー，資源協会（1996）
6) 日本医療企画：「保健＋医療＋福祉の現代用語　WIBA 2001年版」（2001）
7) 谷口正次：「資源採掘から環境問題を考える」，海象社（2001）
8) 茅　陽一監修：「環境年表2002/2003」，オーム社（2002）
9) 平岩外四監修：「地球環境2000-01」，ミオシン出版（2000）
10) 北原正彦・入来正躬・清水剛：日本におけるナガサキアゲハの分布拡大と気候温暖化の関係「蝶と蛾52(4)」（2001）
11) 紙谷聡志・矢田　脩：地球温暖化に伴うタテハモドキの分布拡大のコンピュータシミュレーション「昆虫と自然37(1)」，ニューサイエンス社（2002）

第8章

地球環境と汚染物質

8.1　環境汚染と生物

環境問題は生物圏における環境と生物の相互関係の問題である．すべての生物は，他生物はもちろんのこと，周囲の環境と物理的にも，時間的・空間的にも密接な関係を持っている．環境によってすべての生活活動が制約されており，また相互に影響し合っている．ヒトの活動と関係した環境汚染（environmental pollution）は生物圏の生態系全体の汚染とつながっていることが多く，汚染物質の影響は生物地球科学的循環（biogeochemical cycle）としてとらえる必要がある．

環境汚染とは主に自然環境の汚染を指し，物理的，化学的，生物的環境に日常の生活や産業活動によって，本来存在しなかったか，あるいはごくわずかしかなかった物質が混入し，本来適合していたと思われる各種の自然界の機能が減少して，適合状態が悪くなったとき環境は汚染されているとする．しかし法律的には，環境が汚染されても，被害が現れないと**公害**（public nuisance, environmental pollution）にはならない．公害についての法律は，公害対策基本法であり1967年に制定された．その条文（第二条）を見ると，

「公害とは，事業活動その他の人の活動に伴つて生ずる相当範囲にわたる大気の汚染，水質の汚濁，土壌の汚染，騒音，振動，地盤沈下及び悪臭によって，人の健康又は生活環境に係る被害を生じることをいう」

と規定し，7項目に限定している．当初の法律には土壌汚染の項目がなかった，その理由として地表面の土壌汚染は汚染場所と汚染原因が離れていることがあるために，汚染源の特定が困難なことがあったためとされていたがその後追加された．

1993年に「環境基本法」として「公害対策基本法」を発展させ，環境保全に関する国の政策の基本的な方向を示すために新たに制定され，公害対策基本法は廃止された．法律の目的は，現在および将来の国民の健康で文化的な生活の確保に寄与することと人類の福祉に貢献することとされている．具体的には政府による「環境基本計画」の策定，環境負荷を逓減するための製品利用の促進，環境教育・学習などの促進などの施策が行われている．

新たな制定の理由は，従来の地域的に限定された環境汚染だけでなく，「オゾン層の破壊や酸性雨問題，地球温暖化」など地球規模の環境汚染や環境破壊の影響がでてきており，一国だけで解決できる問題だけではなくなったことがある．環境問題は地球的な規模と立場からみて，現在および将来の世代の人に対して豊かな環境の恩恵を受けられるように，全人類の存続の基盤である環境の保全が必要な時代である．そのためには，可能な限り環境負荷を減らし，人類すべてにとって，公平に役割を分担して健全な経済発展を図りながら，持続的に発展できる社会の構築が必要であり，そのために地球環境保全のための積極的協力と貢献が求められている．

しかし，新法にいくつかの課題が残されており，その一つとして，いまだに環境アセスメントの法制化が明示されていないことがあげられる．アセスメント法は先進国はもちろん，いまや世界的な常識であるにもかかわらず，経済開発，公共事業優先の姿勢がいまだに続き，環境を守るために不可欠な項目が欠落しているのである．

他には国民の義務として「……日常生活に伴う環境への負荷の低減に努めなくてはならない」，さらに「……国又は地方公共団体が実施する環境の保全に関する施策に協力する責務を有する」と責務だけが強調されていて，市民の「環境権」は明示されていない不備なものである．

8.1.1　環境汚染の判定

現在，水の汚染は，極端なものは少なくなっているが，「飲み水の安全確保」や「河川生物の保全」の面から見ると監視をゆるめるわけにはいかない．その際の測定の基準として，以下のような汚染判定の尺度がある．

生物化学的酸素要求量（BOD：Biochemical Oxygen Demand），化学的酸素要求量（COD：Chemical Oxygen Demand），大腸菌群（coil group），溶存酸素量（DO：Dissolved Oxygen），透明度，pH（potential of Hydrogen），生物指数（biotic index），電気伝導率（electric conductivity）など多くの尺度があり，汚染物質の種類や場所によって使い分けられるが組み合わせて使うことが多い．

A．BOD

水中の有機物量を現す指標の一つで，好気的に微生物によって分解される量であり，通常は，試験水を20℃に5日間放置したときに消費される酸素量（mg/ℓ：ppm）で表す．

例として有機物を糖とする

$$C_6H_{12}O_6+6O_2=6H_2O+6CO_2$$

単糖類1分子に対して6分子の酸素が消費され，この消費された酸素量を重量あるいは割合で示したものがBODである．測定のためには汚水が清浄河川水の酸素含量（6〜8 ppm）を持つように酸素の飽和水で希釈して，放置して測定する．値が小さいほど水中の有機物量は少なく，汚染されていないことになる（図8.1）．

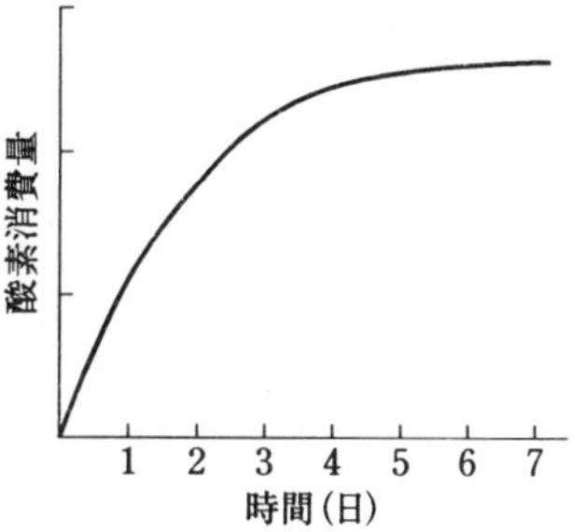

図8.1　BODの測定法

B．COD

CODの場合は，汚水に酸化剤を加えて酸化されるとき，消費される酸化剤の量を尺度として汚水における酸素消費量を測るものである．調査過程は，汚水を硫酸で酸性化し，硫酸銀を加え，さらに酸化剤である過マンガン酸カリウム（あるいは重クロム酸カリウム）を加えて沸騰させて一定時間保ち，ヨード滴定する方法で酸化に要する酸素量として測る．これはBODより操作も簡単であり，短時間で結果が出るが，水中微生物が死亡してしまう欠点もある．水のCOD値は小さいほど汚染状態は低いと判定される．汚染物質が少ないほど，消費される酸素量は少ないからである．

C．電気伝導率

電気伝導率は，水溶液の電流の流れやすさをみるものである．水溶液の電気伝導はイオンによって起こるため，この値が高いほど溶けているイオンの濃度は高いと見てよい．水素イオン濃度が高い（pHが低い）とこの値も高くなる．水汚染との関連では，水に何か異物が含まれていることの指標として用いる．

8.1.2　生物による判定

A．生物的水質判定の長所と短所

生物を用いて環境の状態を測定することができる，また環境の状態を評価するのに生物を用いる方法があり，用いる生物を指標生物という．生物指標種（指標生物）の中には，例えば，海水を採水してその中でウニの受精卵の発生状況を調べて，発生過程の異常やその割合を使って水の汚染状況を示す生物検定法も含まれる．生物検定法は野外から実験室に材料を持ち込んで調査する方法である．また水の中に生息する生物の種類数や生息数を使って判定する生物指数もある．生物による水質判定には長所と短所がある．

a．生物的水質判定の長所

生物による判定の長所は，①調査場所の水が現在汚れているかどうかというよりも，その生物の生息している一定期間の平均的汚染状況を把握できる点があげられる．つまり，ある時期にひどい汚染があると，その時点で生物は死亡して，調査時の水がきれいでも生物はすぐには生息しないことから，過去の汚染も反映する．②その結果として一回の調査で汚染状況の概略を把握できる．③また素早く，安価に水質の結果が得られる．

b．生物的水質判定の短所

短所としては，①生物的方法では，汚染物質の物質名や汚染濃度を明らかにはできない．②汚染物質を定量化するためには，化学的分析が不可欠である．

低濃度の汚染物質で長期間の蓄積によって出る被害や，突発的な川の汚染に対しては，理化学的な測定の場合には見落とすことがある．そのために，水道の原水チチェックの一つとして，水質に敏感な魚を使用している．また有毒ガス発生のチェックには，かつての炭鉱や鉱山などで用いられた方法であるが，いまだにカナリアなどの小鳥が用いられている．

B．生物的指標による判定

この指数は，水の汚染度合いを生物種を基準として数量的に表現する方法であり，代表的なものとして Beck－Tsuda 法がある．この方法は，一定面積（通常 50 cm×50 cm あるいは 100 cm×100 cm）の枠（コドラート）内の肉眼で見える大きさの水生生物を採集して同定し，種類数を問題にするものであ

表 8.1　水質階級と指標生物（環境庁水質保全局より）

番号	指標生物＼水質階級	I きれいな水	II 少し汚れた水	III きたない水	IV たいへんきたない水	
1	ウズムシ類	――――				きれいな水の指標生物
2	サワガニ	――――				きれいな水の指標生物
3	ブユ類	――――				きれいな水の指標生物
4	カワゲラ類	――――				きれいな水の指標生物
5	ナガレトビケラ・ヤマトトビケラ類	――――				きれいな水の指標生物
6	ヒラタカゲロウ類	――――				きれいな水の指標生物
7	ヘビトンボ類	――――	– –			きれいな水の指標生物
8	5 以外のトビケラ類	――――	――――			きれいな水の指標生物／少し汚れた水の指標生物
9	6，11 以外のカゲロウ類	――――	――――			きれいな水の指標生物／少し汚れた水の指標生物
10	ヒラタドロムシ	– –	――――			少し汚れた水の指標生物
11	サホコカゲロウ		– –	――――		きたない水の指標生物
12	ヒル類		– –	――――		きたない水の指標生物
13	ミズムシ		– –	――――		きたない水の指標生物
14	サカマキガイ			――――	――――	きたない水の指標生物／たいへんきたない水の指標生物
15	セスジユスリカ			– –	――――	たいへんきたない水の指標生物
16	イトミミズ類			– –	――――	たいへんきたない水の指標生物

（網かけ）は 2 つの階級の指標になる生物

る．生物種の同定をして，汚れに弱い種(A)と汚れに対して強い種(B)に分けて，それぞれの種数（汚濁指数）を（2A+B）として値を求め，判定の指標とするものである．判定は，ひどい汚染：0〜5，中程度の汚染：6〜10，やや清浄：11〜19，清浄：20以上とする．この方法にはかなり高度な分類能力が必要なことから，一般的ではない．そこで，簡易的な方法として環境庁水質保全局（当時）が水生生物を，表8.1のように区分して判定する方法をつくった．この方法は，少ない種類で容易に客観的に水質を判定できる点で評価されており，しばしば使われている．

8.2 人体と有害物質

私たちの身の周りには様々な有害物質が存在し，無関係に生活することは難しい現実にある．特に私たちは，10万種以上にもなる化学工業物質に囲まれている．20世紀は，様々な化学物質を合成，製造し，世界中に浸透させた時代である．その恩恵として，医薬品，農薬，住宅建材，衣料品，食品加工などが多様になり，健康面での向上と飛躍的に豊かな暮らしと生活が得られた．

一方で，私たちは，環境が汚染し，飲み水や食べ物の汚染によって健康に不安を感じ，野生生物の生殖異常や種の激減などの影響がすでに出ていることも知っている．21世紀は地球環境汚染を減らし，私たち人間の健康と子孫の安全，さらに野生生物の存続が次世代に対する課題となっており，この課題の解決なしには持続的な生活は成り立たないのである．

有害物質の毒性は急性毒性，亜急性毒性，慢性毒性と，体内に取り込まれたあとの毒性が発現する時間によって分けられている．また毒性には，細胞毒性，生殖・発生毒性，発ガン性，催奇形性，変異原性，アレルギー性，さらに内分泌攪乱性などがあるが，これらはいずれも急激に短時間に現れる毒性ではないことから，ある意味で軽視されがちである．しかし，長時間たって因果関係がはっきりしにくい発現のし方やさらに本人ではなく，次世代に被害が現れるだけ，やっかいで悲惨であるといえよう．

通常，有毒物質によって起きる生物に対する影響は，有毒物質の量が多くなるほど毒性が高く被害も大きくなり，ある量以上になると反応は頭打ちになる

S字型（飽和型）曲線になる．ただ化学物質に曝露されても，ある濃度までは影響の出ない「無影響量」があり，摂取許容量はこれで決められる．

しかし，内分泌攪乱物質では，S字型ではなく逆U字型を示し，これまで考えられてきた毒性に対する関係と異なる可能性のあることが指摘されている．

生殖・発生への毒性　生殖能力にかかわる精子や卵子の形成障害や，妊娠維持への障害による流産がある．近年様々な原因で子どもができない，という夫婦が増えているが，その原因の中には有害物質に起因する場合がある．

8.2.1 生物濃縮

生きている生物は外界から取り込んだ物質をしばしば環境中におけるよりも高い濃度で生物体内に蓄積する．この現象を**生物濃縮**（biological concentration）または**生物学的濃縮**という．生物濃縮は食物連鎖を通じて「食われる側から食う側」へと高次栄養段階の生物ほど高濃度に蓄積していく（図8.2）．米国ミシガン湖で調査されたDDTの生物濃縮の実態をみると次のようである．

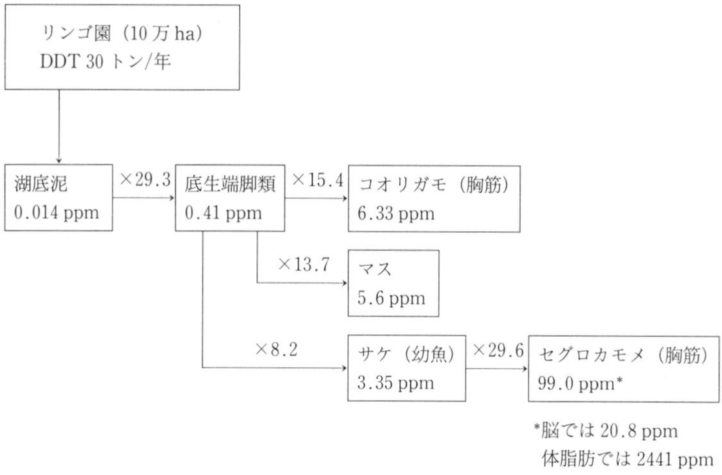

図8.2　ミシガン湖で調べられたDDTの生物濃縮
（Hicky ら，1966を改変　有賀，1987[1]より）

周辺のリンゴ園に散布されたDDTは年間30トン，これが湖に流れ込み，湖底に 0.014 ppm の濃度で溜まる．これが底生生物に取り込まれ 30 倍の濃度になり，この底生生物を捕食するサケやマスに取り込まれると 10 倍近くになり，さらに魚をとらえて食べるセグロカモメになると 30 倍の濃度になる．セグロカモメの体脂肪での測定では，DDT の汚染濃度は約 730 倍の 2,441 ppm にまで濃縮されて蓄積している．したがって，生物濃縮は自然界の物質循環に大きな影響を与えており，生態学的あるいは環境問題から見ても重要な意味を持っている．重金属をはじめとして，多くの汚染物質，例えば PCB（ポリ塩素化ビフェニル）や農薬，ダイオキシンなどの有機物でも高濃度の濃縮が起こる．生物濃縮では低濃度で薄めて廃棄された汚染物質や溶け込んでいた重金属，PCB などによる生物被害の原因であり，水俣病などはその典型的被害である．また懸念されることとして原子力発電所からの排気や排水中の微量な放射性元素などの生物濃縮は大きな社会的な問題である．

生物濃縮の程度を表すのに**濃縮係数**（Concentration Factor : CF）が使われる．CF＝生物体内における元素または物質の濃度／外界における元素または物質の濃度．この場合に生物体内における濃度は，湿重量当たりの濃度か，乾燥重量当たりの濃度化かを明記する必要がある．

8.2.2　多様な毒性

A. 催奇形性

有害物質が妊娠中の母体の胎盤を通過して胎児に影響するケースが出てきている．その代表的例として，睡眠薬サリドマイドがあり，妊娠初期にこの薬を服用するとアザラシ肢症などの奇形児を生じる．各地の餌付けしている野生ザルでの奇形の発生があるが，原因は給餌している農産物の農薬が原因と言われている．

B. 変異原性

親の特定の形質を伝える情報を含む最小単位である遺伝子の突然変異や染色体数の異常を起こす性質であり，この性質を持つものが変異原性物質である．変異原性を持つものは，発ガン性を持つものが多い．

C. 発ガン性

悪性腫瘍（ガン）を起こす性質であり，正常な組織の細胞が，様々な発ガン因子の作用によって，遺伝情報の変化を通してガン細胞に移行する．発ガン因子となる性質が発ガン性である．現在発ガン性の疑いがあると言われる物質は2,000種類以上にもなる．そのうちで，ヒトに対して発ガン性がある，あるいはあると考えられているものは，100種類以上あげられている．

発ガン物質が体内に取り込まれる経路は，食物経由が最も多く，次いで喫煙，呼吸によるものである．

D．アレルギー性

抗原にさらされたときに，正常よりも過敏な反応を起こし，組織障害を起こした状態がアレルギーであり，**過敏症**ともいう．アレルギーの原因になる物質を**アレルゲン**という．アレルギーは抗原の刺激を受けてから，数分から数時間で反応の現れる即時型アレルギーと24～48時間経過後に出る遅延型アレルギーがある．即時型アレルギーは抗体が係わるので，体液性とも言い，気管支喘息，アレルギー性結膜炎，アレルギー性鼻炎，アレルギー性胃腸炎，花粉症などがある．

アレルゲンには，環境アレルゲンと言われる気管支喘息の原因であるダニ，カビ，スギ花粉などと，食べ物に由来する食物アレルギーとして米，小麦，そば，牛乳，卵，エビ・カニ類などがある．

食物連鎖を通じて取り込まれた分解し難い物質が，高濃度に生物体に蓄積されることである．体外に排出されにくい物質ほど蓄積しやすい．なぜなら，前述のように食物連鎖の下位から上位にいくにつれて，汚染濃度は高くなることが知られており，有害物質の影響は最上位の肉食動物で最も大きな影響となる．ヒトは食物連鎖の最上位に位置することから深刻である．

8.3 農薬と残留

農薬の毒性は，急性毒性の程度によって分類され「毒物及び劇物取締法」でその取り扱いを取り締まっている．毒性があり，使用上にも危険が伴う物質が含まれる農薬を食物に使うことが認められているのは，社会的な利益や効用が認められているからであろう．農作物にとって病害虫や雑草の被害は大きく，また収穫後の貯蔵や輸送段階で発生することもある毒性の強いアフラトキシンなどの害を防ぐこともあって農薬の使用が許されている.

農薬の残留基準は，旧厚生省が定めた各農産物中の農薬ごとの許容残留量であり，農産物が，基準以下の農薬の残留レベルならば，「一生食べ続けても何ら人体に健康上の害がない」とされているものである.

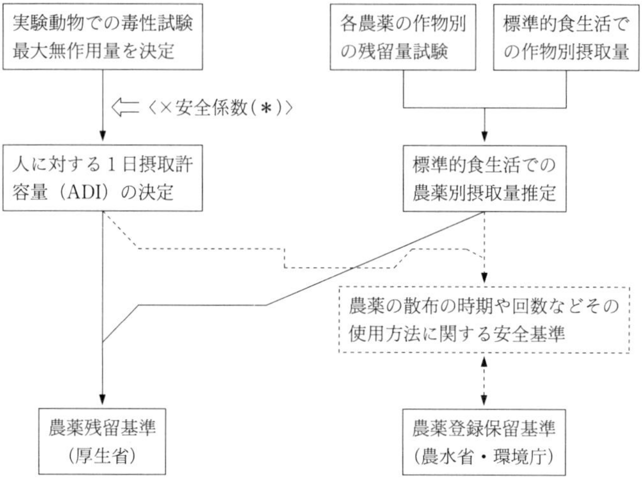

（*） 動物実験からADIを決める際に，動物とヒトとの違いや，薬剤に対する無作用量の成人と子どもや老人などとの差を考慮して，日本ではふつう安全係数として〈1/100〉値を用いる.
⇨例えば，ある農業が動物実験からは1日当たりの無作用摂取量の最大値が0.5 mg/体重・kgであったとすれば，人についての1日摂取許容量（ADI）はふつう；0.5 mg×1/100＝0.005 mg/体重・kgと決められる.

図8.3 農薬などの作物残留基準や登録保留基準の決定プロセス（安東，1994[2]より）

わが国の残留基準の決め方は，図8.3のようなプロセスで決定されているが，国際的に共通の基準をつくることは間違いと考える．なぜなら国ごとに食習慣も含め，摂取する量が大きく異なるし，もっと厳密に言えば個人差も大きいことから，本来統一することはなじまない．残留基準は，動物を使って急性毒性試験（acute toxicity）を行い，次にその実験結果をもとにしてヒトの体重1 kg当たりの1日摂取許容量（ADI：Acceputable Daily Intake）が求められる.

8.3.1　輸入農産物の安全性

農産物の国際商品化が進むと，その結果として，長距離輸送とこれに伴う寄生生物の大陸間移動の可能性が大きくなる．このために病害微生物や害虫の侵入を防ぐために植物検疫や輸入穀物の燻蒸処理が行われている．またポスト・ハーベスト剤（post：後，harvest：収穫），さらにレモン，オレンジ，グレープフルーツの腐敗防止のために防カビ剤としてOPPやTBZなどが使用されている．しかし，これは防疫上というよりも，商品価値の維持にウエートがあり，経済上の理由が中心と言われている．この理由のために，変異原性があり，ガン誘発性のあるOPPやTBZを使用することは私たちにとってプラス

表 8.2　輸入食品残留農薬基準違反事例（1996年）
（食品中の残留農薬，1998および小倉，2000[3]より）

品　目	農　薬　名	残留実態	残留基準	違反件数
コ　メ	イソプロカルブ	1 ppm	0.5 ppm	2
	チオベンカルブ	1 ppm	0.2 ppm	2
	ピリミカーブ	1 ppm	0.05 ppm	2
	プロピコナゾール	1 ppm	0.1 ppm	2
	ベンダイオカルブ	1 ppm	0.02 ppm	2
	メチオカルブ	1 ppm	0.05 ppm	2
	メフェナセット	1 ppm	0.1 ppm	2
オレンジ	イマザリル	12.9 ppm	5 ppm	2
	クロルピリホス	0.5 ppm	0.3 ppm	1
グレープフルーツ	イマザリル	11.2 ppm	5 ppm	2
バナナ	クロルピリホス	0.7 ppm	0.5 ppm	1
	ビテルタノール	3.2 ppm	0.5 ppm	4
上記以外のゆり科野菜	2,4,5-T	0.1 ppm	ND	1
オクラ	エトリムホス	0.59 ppm	0.2 ppm	1
	ジクロルボス	0.59 ppm	0.1 ppm	1
	シハロトリン	0.59 ppm	0.5 ppm	1
	フェンバレレート	0.59 ppm	0.5 ppm	1
計				29

なのかが問われる．これはほんの一例であり，この他にも使用されている農薬が不明のまま輸入され，また輸出用にだけ特別使用される農薬の存在も話題になっている．残留農薬の基準違反の例を表に示すと表8.2のようである．基準値に対して，コメでは2〜50倍のものがあり，オレンジ，グレープフルーツ，バナナなど良く買われている果物類の違反もみられることがわかる．

ポスト・ハーベスト剤は，農薬と食品添加物に関係する，食品に対する新しい薬剤使用であり，わが国は生産物にそのまま残留することから，このような使用を禁止している．アメリカのように食糧輸出する国が，輸送中の害虫による食害やカビを防ぐために収穫後に農薬をスプレーするもので，残留量が高くなるのは当然である（表8.2）．

8.3.2　日本の検疫体制

日本は世界最大の食糧輸入国であるが，その検疫体制は，食品衛生監視員が264人，検査実績は10万件と言われるが，輸入物の約8％しか検査していない．これをアメリカと比較すると，同じ監視の役割をするCSO消費者安全担当官は，1,000人配置され，150万件と桁外れの検査実績である．

また，動植物検疫官で見るとアメリカが6,390人に対して日本は，1,168人とはるかに少ないのが現状であり，人員配置の増強が是非とも必要であるし，国民の健康が左右される重要問題である．いきなりアメリカ並みとはいかないにしても，わが国の輸入量が圧倒的に多いことも考慮すれば，現在の倍にはする必要があろう．しかし，水際の検査は国ではやらずに，「食品衛生法」の改訂で「食品衛生上の危害の発生を防止するために必要がある場合」，「輸入業者に対して指定機関などの検査を受けることを命ずることができる」と変えたのである．国は，単に指定した民間の検査機関の提出する書類の数値を見るだけになったのである．検査機関は検査結果のクロを出すと次回から検査に出してもらえなくなるので甘い判定を出しやすいことになる問題もあると言われる．

8.3.3　ハーモナイゼーション

もう一つ大きな問題として，残留農薬の国際平準化（ハーモナイゼーション）がある．農薬の残留基準値は，国ごとに異なっている．それは国によって食形態の違いがあり，同じ食べ物でも摂取量が全く異なることも少なくないからである．ところがこれを国際的な基準で統一しようという動きが米国を中心に強くなっているのである．これまでこの国際平準化の話をすると，基準がバラバラなのは不便だから，統一した方がいいのでは，との声を良く聞くが，国際基準にすると残留濃度が一桁アップすることも珍しくないのである．前述のように，ポスト・ハーベストは作物を収穫後に農薬を散布し，貯蔵されるのであるから，残留が多くなるのも当然である．

ここで特に注意する必要があるのは，食生活の違いの問題である．日本人は大豆製品をアメリカ人などと比べると日常的に，はるかに大量に食べているであろう．味噌，醤油，豆腐，納豆，大豆油と誰でも毎日いずれかは食べるし，97％は輸入大豆である．また米のご飯を日本人のように毎日食べるアメリカ人は少数派であろうことからも輸入米となれば，問題が想像できるであろう．実際に表 8.2 に示したように，基準値を大幅に上回った違反品が見つかっているが，国際平準化で基準値が緩和されてしまえば，同じ濃度で残留しても違反品ではなくなる，しかし安全性の点で基準値内と言われても疑問が残ることになる．

日本の食品の基準は，「安全性より政治が優先される」としばしば言われている．これは基準値を厳しくしたまま，チェックを厳しく行うと，貿易障壁になり外圧がしばしばある．その例としてアメリカが，発ガン性の疑われるBHA（酸化防止剤）という食品添加物の規制（日本で使用禁止に決めた）が非関税障壁であると圧力がかかり，使用可能になったのである．中国産の野菜からの農薬残留でも，同じような政治がらみの問題になりつつあるし，遺伝子組み換え作物でも同様で組み換え表示が再度問題となるであろう．

現在の日本の残留許容量と国際基準を表でみるとよい（表 8.3）．順次国際平準化されて，どの国でも受け入れられるように基準値が緩和され，法律で新しい基準値が決められ，その基準値を守っていると言われても，その値がほんとうに，私たちの安全を確保しているとは言えない現実があることを知っておく必要があろう．

もう一つ心配なのは，基準値を設定している農薬は一部であり，設定のない農薬はいくら残留してもフリーパスであること．農産物以外の魚介類，畜産

表 8.3 各国別の農薬等の残留許容量の例
（植村ら，1992 および安東，1994[2]より）

（単位：ppm）

国名	DDT	NAC（カルバリル）	臭素	キャプタン	クロルピリホス
日本	0.2	1	50	5	0.5
国際食品規格	0.5-5	0.2-10	20-250	5-20	0.01-1
アメリカ	0.5-7	0-12	5-250	0.25-100	0.05-0.5
EC	—	1.2-2.5	—	0.5	—
オランダ	1	0.8-3	50	15	0-0.3
西ドイツ	0.05-1	0.1-5	5-50	0.1-15	0.1-5
フランス	—	1.2-2.5	—	0.1-15	—
オーストラリア	0.2-7	0.2-10	20-250	10-50	0.01-3
カナダ	1-3.5	0.2-10	—	2-40	0.01-0.3
スウェーデン	0.05-1	—	25-50	2-15	0.01-0.3
スイス	0.03-0.3	2.5	50	3-15	3-15

注 1） 国際食品規格とは，FAO/WHO の合同国際食品規格（コーデックス）委員会が残留基準の国際平準化のために設定した勧告値

注 2） 残留基準値が農産物により異なる農薬等については，その最小値と最大値の範囲を〈1-5〉のように示している．

品，乳製品は農薬残留が考慮されていない．残留農薬の総量規制は全く考慮されていない．これは各農産物の ADI は，基準内であっても，いくつかの食品の残留農薬をトータルすると ADI を超えることが出てくる問題である．また健康な成人を基準にして ADI が決められていることから，病人，子供の食生活は考慮外にあるなど課題が多いのである．

8.4 廃棄物と環境汚染

廃棄物問題は，焼却場と最終処分場が確保されれば解決したと，短絡的に考える風潮がある．しかしそのように単純なものではなく，廃棄物問題は環境汚染問題であり資源・エネルギー問題であると言えよう．廃棄物問題は，いまや先進工業国の環境汚染問題の重要な課題でもある．日本の廃棄物処理は発生源（上流）にほとんど手を付けずに，廃棄する段階（下流）で，どのようにして

減量して安全に処理するかということに関心の中心があるのは偏った対応である．廃棄物の減量，リサイクル，安全な処理には製品の設計と生産の段階からの考慮が必要であり，「部品の再利用の割合を高める」などにおいては不可欠なことである．そのためには，使い終わった製品の処理費用を生産者に負担させること，その負担は価格に上乗せするが，その分で販売価格が上がり販売にブレーキがかかる．価格による販売の減少を最少に抑えるための企業努力がリサイクルや部品の再利用，処理のしやすい製品生産をうながす，これが**拡大生産者責任**（Extended Producer Responsibility: EPR）の考え方である．

また，日本国内ではいまだに廃棄物の減量化には焼却が中心であるが，焼却処理は化学反応を伴い，固体であった有機物を，燃焼という化学反応によって気体の無機物に変化させ大気中に放棄する面があること，燃焼反応によって有害なガスが発生し，そのまま大気中に放出すれば大気汚染を起すこと，を認識する必要がある．このことを考えると，環境先進国にならって徹底した排出源対策によるゴミの減量とプラスチックの再資源化，さらに生ゴミなどの有機性廃棄物の堆肥化やメタンガス発酵によるエネルギー利用など焼却量を削減する工夫が残っている．それにもかかわらずダイオキシン対策は高温溶融炉とゴミ固形化燃料（Refuse Derived Fuel: RDF）しかないように仕向ける対策のあり方を考える必要がある．

8.4.1　廃棄物の焼却

日本のゴミの 75 %は焼却処理され，焼却残渣も含め残り 25 %を埋め立て処理している．焼却処理は埋め立てるゴミの量を減らすための中間処理であるが，焼却によってゴミに含まれる多様な物質が気化して大気中に，あるいは焼却灰にでてくるが，量的には 1/5，1/10 と減容する．ここで気化して出た重金属をはじめ，ダイオキシンも煙突に取り付けられた集塵機とフィルターによってある程度の量は吸着されるが，すべてとはいかず大気中に放出され，やがては周辺の土壌に落ちてくる．焼却の問題点はダイオキシンの発生だけでなく，二酸化炭素の増加など地球温暖化との関係もある．日本のゴミ焼却に由来する二酸化炭素量は，総発生量の約 3.8 %にもなると環境庁は報告している．また少量ではあるが窒素酸化物（NOx）や硫黄酸化物（SOx）による大気汚染をひき起こす.

A. ダイオキシンの発生

ダイオキシンの発生源としては，表8.4のように都市ゴミの焼却が圧倒的に多く，その原因物質としては，多種類のプラスチックの中で特に塩素を含む塩化ビニール系樹脂（PVC）が最も大きいが，塩素を含まない発泡スチロールやペットボトルなどでも他のゴミとの混合焼却で発生することが知られており，生ゴミの塩分もわずかながらダイオキシンの発生につながる場合があると言われている．ダイオキシンの発生は，焼却温度が低い（300°C前後）と大量に発生し，高温（800°C以上）ではほとんど発生しなくなるとされている．ところが様々な排ガス成分除去用のバグフィルター部分では300°C前後まで下げられ，ここで再度ダイオキシンが合成されるという問題がある．

表8.4 わが国における既知発生源におけるダイオキシン類（PCDD+PCDF）の推定年間発生量（宮田，1998[4]より）

発生源	発生量（g TEQ/年）
都市ごみ焼却	3,100〜7,400
有害廃棄物焼却	460
病院廃棄物焼却	80〜 240
下水汚泥焼却	5
製鉄・製鋼	250
自動車排ガス	0.07
木材燃焼プラント	0.2
紙・紙板	40〜
紙パルプ（スラッジ燃焼）	2〜
クラフトパルプ回収ボイラ	3〜
合計	3,940〜8,405

これまで使用されてきた焼却炉で，ダイオキシン規制をクリアできない炉は休廃止にすることになった．焼却炉の焼却温度を連続焼却によって高温に保ち，ダイオキシンの発生を極力減らすために全国各地で連続運転できる高温焼却炉の設置ラッシュが起きている．特に1300°C以上の超高温で焼却する「ガス化溶融炉」設置がブームのようになっており，これでダイオキシン問題と埋め立てゴミの減量が可能になると考えられている．

しかしこれにはいくつかの問題があり，その一つは設置費用とその後のメンテナンス費用およびランニングコストとも莫大であること．さらに，肝心のダイオキシン対策が設備の技術的完成度の問題から不完全であること．また，高温焼却により発ガン性と環境ホルモン作用を持つ可能性の高い新たな汚染物質(ベンツアントロンとベンツシノリン）の発生が指摘されている（西岡，1999)[5]．

ダイオキシン対策に焼却炉を中心にすえて対応しようとする考えは先進国では日本だけである．ドイツやデンマークなどの環境先進国ではダイオキシン対策として，発生原因物質である塩化ビニールの使用規制やプラスチックの分別再資源化，さらに家庭排出の生ゴミも別回収して堆肥化やメタンガス発酵に使用して，焼却しないようにして解決している．発生原因を除去する方法は，安上がりで最も確実な根本対策であることを教えている．またヨーロッパではダイオキシン対策のために，焼却処理を止めようという動きもある．

B．ダイオキシンの性質

ダイオキシン類と一般的に言われている物質は，化学的性質や分子の形が似ている約210種の異性体がある．さらに最近ではポリ塩化ビフェニール類の中のコプラナPCB（38種の異性体あり）もダイオキシン類に含めて扱うことが多い．これらの異性体の化学的性質はそれぞれ異なることから，毒性が最も強い2-3-7-8-四塩化ダイオキシン（2,3,7,8-TCDD）の毒性を1として，異性体の毒性の強さを示す**毒性等価係数**（Toxic Equivalent Factor：TEF）で表示する（表8.5)．

ダイオキシンで怖いのは低濃度で長期間摂取が続いたときに，遺伝子や染色体の異常を起し，発ガン性があり，胎児の奇形を起こす慢性毒性である．またダイオキシン類に対する実験動物の**半数致死量**（LD50：Lethal Dose 50 %）には表8.6のように大きな種間差がみられ．安全性を調べる毒性試験をどの種で調べるか，感受性の高い抵抗力の弱いモルモットと，低いハムスターでは致死量に数千倍もの違いのあることを認識する必要がある．さらにダイオキシン類にはエストロゲン類似作用があり，ごく微量でもヒトや動物の生殖に関係する生理機能に悪影響を及ぼす「内分泌攪乱物質」の一つであることが明らかになった．

表 8.5　毒性評価対象のダイオキシン類異性体と 2,3,7,8-四塩化ダイオキシン毒性等価係数（TEF）（宮田，1998[4] より）

毒性評価対象のダイオキシン類	TEF
ダイオキシン（7種）	
2,3,7,8-四塩化	1
1,2,3,7,8-五塩化	0.5
1,2,3,4,7,8-六塩化	0.1
1,2,3,6,7,8-六塩化	0.1
1,2,3,7,8,9-六塩化	0.1
1,2,3,4,6,7,8-七塩化	0.01
1,2,3,4,6,7,8,9-八塩化	0.001
ポリ塩化ジベンゾフラン（10種）	
2,3,7,8-四塩化	0.1
1,2,3,7,8-五塩化	0.05
2,3,4,7,8-五塩化	0.5
1,2,3,4,7,8-六塩化	0.1
1,2,3,6,7,8-六塩化	0.1
1,2,3,7,8,9-六塩化	0.1
2,3,4,6,7,8-六塩化	0.1
1,2,3,4,7,8,9-七塩化	0.01
1,2,3,4,6,7,8-七塩化	0.01
1,2,3,4,6,7,8,9-八塩化	0.001

表 8.6　実験動物のダイオキシンによる半数致死量の比較（長山，1994[6] より）

動　物	半数致死量 μg/kg 体重
モルモット	0.6～2.0
ラット*	20～60
ニワトリ	25～50
サル	70
イヌ	100～200
ウサギ	100～300
ハツカネズミ	100～600
ハムスター	1,000～5,000

＊白色のネズミで，体重が 200～300 g ある．

わが国ではダイオキシンの1日当り耐容摂取量（Tolerable Daily Intake: TDI）を体重1 kg当たり4 pg（ピコグラム）と定めているが，慢性毒性を持つ物質には摂取許容量は存在しないという立場をアメリカ環境保護庁(EPA）はとっていることから，耐容となっているのである．アメリカでは，摂取量の安全基準値として，1日当たり体重1 kg当たり0.01 pgとしている．

C．ゴミに由来する重金属汚染

プラスチックや紙の印刷に使われていた着色料・顔料や充電式乾電池中に含まれる重金属類の問題がある．身近に普及しているパソコン用の印刷インクにもカドミウム，鉛，モリブデンなどが使われており，表8.7のように焼却灰に鉛や水銀，カドミウムなどが含まれる．また家電リサイクル法に入れらていない家電製品中に使用されている重金属も，破砕されて直接埋め立てられる分と焼却されて焼却灰から出る分がある．

表8.7 焼却灰に含まれる重金属類
（安東，2000より）

（単位：mg/ℓ＝ppm）

金属 ＼ 各種の灰	ストーカー飛灰	流動床飛灰	バクフィルター灰	焼却灰
Fe（鉄）	9,200	32,200	9,100	44,000
Mn（マンガン）	340	1,000	200	1,200
Cu（銅）	660	4,100	380	2,700
Pb（鉛）	3,100	4,400	2,000	5,100
Cd（カドミウム）	110	25	31	13
Hg（水銀）	28	0.66	3.8	0.19
Cr[VI]（6価クロム）	2.4	<0.7	<0.7	0.9

（注） 流動床とバクフィルターの灰はアルカリ添加，ストーカー灰はアルカリ添加なし

a．重金属のリサイクル（鉛，水銀の回収）

廃バッテリーの鉛は1980年代まで台湾や韓国に輸出され，鉛の再生が行われていたが，現地で環境汚染が起きていた．しかし，1992年のバーゼル条約の発効により有害廃棄物の越境移動が禁止され，現在は国内の鉛精錬所で処理されており，鉛の全リサイクル率は約60％である．バッテリーは鉛，アンチ

モン電極，希硫酸液とポリエチレン容器と単純であることから，リサイクルしやすい．岐阜県・神岡鉱山では全国の鉛バッテリーの約1/3を処理しているが，他にも電気・電子機器の半導体基盤も鉛溶鉱炉に投入して金，銀，プラチナ，銅，鉛などを回収している．テレビ，パソコン，その他家電製品のマテリアルリサイクルも家電リサイクル法の成立によって，経済的・技術的に成り立つのである．ただし，溶鉱炉の排煙の中に鉛その他重金属が含まれ，集塵機で完全には捕捉できず，一部大気中に飛散しているという問題もある．水銀は，北海道・大雪山麓の旧イトムカ水銀鉱山で回収されているが，全国から蛍光管，乾電池などが集められ年間約2万トンの廃棄物からから約40トンの水銀を回収しているが他の金属回収と同様に一部は大気中への飛散があり，周辺の大気汚染の問題は起きている．

上記のように廃家電その他，車などの資源リサイクルに国内の閉山した金属鉱山・精錬所などが，静脈産業として生き残りのために非鉄金属の回収をはじめている．家電リサイクル法の受け皿として，非鉄金属精錬所である三菱マテリアルや同和鉱業は，家電4品目の引き取り義務のある家電メーカと提携してリサイクル拠点事業所を建設した．すなわち，同和鉱業は花岡鉱山のあった秋田県大館市に，また三菱マテリアル・細倉精錬所のある宮城県鶯沢町は，経済産業省が進めているエコタウンの指定を受けて家電リサイクル工場を建設した．また悲惨な公害・水俣病の町から環境都市へと脱皮をはかる水俣市も，エコタウンの指定を受けて，家電リサイクルとチッソ水俣による屎尿肥料化が行われる．かつて公害や鉱害による大きな被害を受けた町において，リサイクル産業での再生が期待されているが，リサイクル産業による新たな環境汚染が起きる可能性があり十分な対策が望まれる．

8.4.2 日本のゴミ減量，リサイクルのかかえる課題

A．RDF発電

かつて日本一の石炭の町を誇った福岡県大牟田市は，エコタウンの指定を受けて，ゴミ固形化燃料（RDF）を周辺市町村から有料で受け入れ，RDFによる発電によって町の再生をはかっている．焼却ゴミによって発電ができることは，これまでのゴミ焼却からすると，ある意味で，資源の有効利用ですばらし

いと考えることができるかもしれない．しかし，RDF 発電にはいくつかの問題点がある．ダイオキシン対策の一つとして RDF 化が出てきたが，塩ビも含む固形化燃料は，製造段階でもダイオキシンが発生するし（図 8.4），発電段階でもやはりダイオキシンが発生することが明らかになっており，高価なバグフィルターをつけなくてはならず発電コストがかさむ．それでもなぜ RDF なのかと言うと，原則移動禁止の一般廃棄物を広域移動させるために，ゴミを燃料に名目変更するための，手品と言われる．

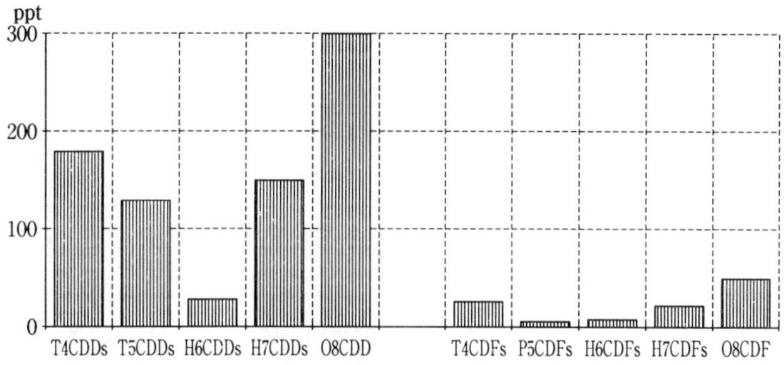

図 8.4 RDF に含まれるダイオキシン同族体パターン（青山，1999[7] より）

ゴミ発電のためだけなら，わざわざ高いお金をかけて RDF 化する必然性はないが，手品によって燃料に換わったことから越境移動が可能になったことが大きいようである．RDF 工場の建設費は処理能力トン当たりで 1 億円前後もかかった所もあり，RDF 製造のために燃料費も含めかなりのランニングコストがかかる．さらに RDF の引き取り料金（トン当たり 5,000 円），運搬費用がさらにかかり，焼却灰の最終処理の問題もある．また発電効率を安定化するには，RDF の量が安定して供給されなくてはならないが，そのためには RDF が減っては困る，つまりゴミ減量をしてはいけない（少なくとも可燃ゴミは）という時代に逆行した政策なのである．投入するエネルギーに比べて得られるエネルギーが少ないし，これまで完成している RDF 工場ではしばしば，固形乾燥段階が原因で火災が起きているなど，RDF 施設は未完成な技術であり問題が山積している．

大牟田市のような発電と RDF という組み合わせは，全国的に一般化されたものではなく，この計画は試みのケースである．全国的には燃料として売れるはずのRDFの販路がなくて，高価なコストをかけてつくられたRDFが最終処分場に廃棄される事態や，焼却施設に持ち込まれて通常のゴミと一緒に焼却されているケースが少なくない．これはRDFがダイオキシン対策になっておらず，従来型の施設であるボイラーなどではダイオキシンが発生することから，高価なバグフィルターを設置しないと使えないことや焼却灰中のダイオキシン問題，またエネルギー量も化石燃料に比べて低いなど問題が多いものである．ガス化溶融炉，RDF施設・発電も含め，世界のゴミ焼却施設の70％が集中している「日本の焼却炉中心主義」が問われている．

B．プラスチック・リサイクルとしてのペットボトル

ペットボトルを見ると，表8.8のように回収率は上がっているが，さらに生産量が上昇していて，ゴミになる量を見ると1995年に14万トン（生産量と回収量の差）であったものが，2000年には29.4万トンと著しく増えている．またペットボトルからペットボトルが必ずしもつくられない問題と再生された繊維などの売行きが必ずしも良くなく，在庫の山になりかねない．これは再生資源の需要対策が欠如している問題があり，せっかく回収しても廃棄物に回されることになる．日本における一般廃棄物の使用済みプラスチックのマテリアルリサイクル（材料再生）は，ペットボトルと発泡スチロール（PSP）トレー

表8.8　日本のペットボトルリサイクル状況

（単位：千トン）

年	1995	1996	1997	1998	1999	2000	2001
樹脂需要量①	142	172	219	282	332	362	403
再生処理能力②（再商品化計画）	8	9	18	30	47	102	155
ボトル回収量③	2.6	5.1	21	48	76	125	160
リサイクル量④	1.6	2.4	8	24	40	68	95
①－④はゴミになる量	140.4	169.6	211	258	292	294	308
回収率（％）	1.8	2.9	9.8	16.9	22.8	34.5	40.0

（備考）　樹脂需要量は指定製品ペットボトル（飲料用，酒類用，醤油用）．
1996年からのリサイクル量は㈶日本容器包装リサイクル協会扱いの数量で，日本の全体量をカバーしていない．

に限られており，使用済みプラスチックの８％に過ぎない（表8.8）．それにもかかわらず，自治体関係者はプラスチックのリサイクルをしていると誇らしげに宣伝している．ペットボトルのリサイクルでも塩ビがわずかでも含まれると，再資源としての価値が極端に悪くなる問題があり，塩ビの使用を制限する必要があろう．塩ビの制限によって，江戸時代の生活に戻るわけでもないし，日常生活に支障が出たとはドイツでもデンマークでも聞いていない．

8.4.3　埋め立て処分場と環境問題

A．埋め立て処分場

埋め立て処分場には安定型処分場，管理型処分場，遮断型処分場の３つのタイプがあり，私たち一般市民が直接関係するのは自治体が使用している管理型処分場である．管理型処分場は，ゴミに触れた浸出水が漏れ出して地下水や河川水を汚染しないように，底面に防水ゴムシートを複数枚敷いているが，単位面積当りの重さが数十トンにもなる廃棄物を破れることなくカバーできるのか心配されている．また防水シートの接着面からの漏水も心配されており，処分場の建設場所の選定が重要である．焼却灰のところで述べたように最終処分場にはダイオキシンや環境ホルモン，有害重金属類を含む灰やその他雑多な有害

表8.9　地下水から環境基準を超えた有害物質とそれらを検出した一般廃棄物処理場数

基準超過の水質項目	超過した処分場数	測定濃度範囲 (mg/ℓ)	環境基準値 (mg/ℓ)
鉛	30	0.011 ～0.38	0.01
ひ素	9	0.02 ～0.08	0.01
1,2 ジクロロエタン	3	0.0074～0.13	0.004
総水銀	2	0.006 ～0.0008	0.0005
カドミウム	1	0.016	0.01
シアン	1	0.01	検出されないこと
ベンゼン	1	0.051	0.01

（注）　一つの処分場で複数の水質項目が重複して基準値を超過した所もあり，どれかの項目ででも基準値を超過した処分場は計37ヶ所であった．
《資料》　日本経済新聞　1999年7月8日（福岡版）より

物質が持ち込まれ，山間地の谷間（全体立地の約6割）や海岸処分場（3割）に埋め立てられているのが現状である．このままでは，地下水汚染，河川水汚染によって飲料水の汚染が避けられない心配がある（表8.9）．ひとたび処分場が造られると，汚染の心配を半永久的に抱える恐れがあることから，廃棄物を徹底的に減らし，廃棄物の少ない循環型社会をつくることが望まれる．

B．これからの埋め立て処分場

これからの処分場のあり方として，処分場からの有害物の流出を覚悟して，被害を最小限に食い止めることのできる場所を選定すべきである．また中間処理施設によって，埋め立て物に含まれる有害物質を無害化して埋める．厚生省(2000年，当時）は処分場が造られる地域住民への情報公開を進め，廃棄物処理についての安全性，信頼性の向上に努めることの重要性を上げている．

また埋め立てるゴミの危険レベルによって埋め立てる場所を分けて使用することと，現在はコスト的に資源化できないが，将来可能な，例えばプラスチック類などは，すでに実施している自治体もあるが別にして保管するなどの発想が必要である．すべての埋め立て物を同じ処分場に埋めることによって，埋め立てゴミ全体を最も危険なゴミとし扱わざるを得なくなる無駄を改める必要がある．こうすることによって，処分場の安全性を高めることが可能であり，処分場建設経費の大幅な節約も可能である．

C．ゴミの資源化と環境・エネルギー対策

ゴミ問題は資源・エネルギー問題であり，環境問題であると述べた．現代社会は，莫大な量のエネルギーと資源を使って資源を大規模に加工して，山のような廃棄物を生み出している．「廃棄物」と述べたが，まだ資源として使用できるものを，現在のコスト計算でマイナスになるという尺度によって廃棄物とされているのである．このコスト計算には，埋め立てによる「環境負荷」や「原材料を手に入れるための環境破壊や汚染」は含まれていない一方的なコスト計算の結果である．デンマークでは最終処分場の中に区画があって，将来資源化できる埋め立て物と焼却灰は別の区画に埋め，区画の記載記録を長期間保存して保管という考え方をもって埋め立てている．

社会の変化はすでにはじまっており，資源のリサイクルとして古紙，ガラスビン，アルミ缶，プラスチックなどについて行われている．しかし，リサイク

ルでは回収率を高めてもゴミ減量の切り札にはなり得ない．なぜなら「容器包装リサイクル法」を例に見るとドイツやフランスの制度と比べて事業者の負担が小さく，生産者が生産段階で変革しようという企業努力を起こさせるインパクトがない．税金を多く投入した見せかけの努力であり，より処理しやすい容器への転換が起きない．

ドイツやデンマークでは多くのガラスビンとペットボトルがデポジット制になっていて，詰め替え使用（これはリユース：reuse）が一般的であり，回収して詰め替えられて使用されている．ちなみにテポジット費用は 1 本 30〜50 円くらいであり回収率は 99 %と高い．

「アルミ缶が熱帯林を破壊する」と言われるが，これはボーキサイトからアルミニウムインゴット（塊）を製造する過程で膨大な量の電力消費が行われることに関係している．アルミインゴット 1 トンつくるのに，約 22,500 kW の電力を使用する．さらにアルミ缶の製造にはビンビールの約 3 倍もの電力を消費することから，電力の高い日本国内ではアルミを製造せず，ブラジル・アマゾン流域に巨大なダムを造り電力を確保し，熱帯雨林を破壊してアルミを製造している．アルミ缶ビールを飲むとアマゾンの熱帯林の破壊につながるが，ビンビールなら 20 回以上も詰め替えて使用できることから地球にやさしい飲み方といえる．日本では飲料水やビールにスチール缶やアルミ缶が大量に出回っているが，デポジット制のリターナブルビンにすればリサイクル費用はいらなくなり，廃棄物量もはるかに少なくなる．

プラスチック資源化で有望視されているのは高炉還元であり，製鉄所のコークスの代わりとしての使用である．あるいはセメントをつくるときの原料や燃料として利用することもできる．しかし，ここでもプラスチック中の塩ビに含まれる塩素が銑鉄やプラント腐食を起すことがあるし，セメントでは，できたセメント中の塩素分が問題になっており，塩ビをすぐに完全になくすことが現実的でないとしても，簡単に誰でも分別できる表示が必要であろう．

8.4.4　資源循環型社会と有機性廃棄物処理

A．有機性廃棄物の資源化

これまでの廃棄物処理は，前述のように焼却して埋めるスタイル中心であった．しかし，資源循環型社会の実現の流れから，日本でもようやく有機性廃棄物のリサイクル資源化が具体化しつつある．有機性廃棄物の資源化としては，堆肥化（肥料，土壌改良剤），飼料化，燃料化（バイオガスの発生）などが考えられているが，課題も多い．

課題の一つとして行政および関連業界の縦割り体質の問題があり，省庁再編が効果的に働いていない．有機性廃棄物の中で最も多い下水汚泥類の管轄は，下水道では国土交通省，し尿汚泥は厚生労働省，農業集落・漁業集落排水汚泥は農林水産省とばらばらに所管が分れており，資源化するための方向も技術開発も縦割りの壁にぶつかり，似たようなことをそれぞれやるような無駄がある．

有機性廃棄物の堆肥化（コンポスト化）は，有機性廃棄物の利用上最も有力で有意義な方向の一つと思われる．堆肥は，土壌の性質を改良し，作物に必要な各種養分を持続的にバランス良く供給する性質を持つ．しかし，現在の農業では，戦後の食糧増産時代と農業の近代化，高度経済成長時代に化学肥料と化学合成農薬への依存が著しく高くなった．しかし，長期的に見ると，農地の劣化と農薬汚染の問題などから，持続的農業への不安が問題にされ，堆肥使用の必要が再認識されつつある．一方で，現在の多くの農家が大量の堆肥を確保して使用することは困難な状況にあるが，可能性と必要性はある．

有機性廃棄物を堆肥化することの意義は肥料の生産だけでなく，廃棄物処理による環境負荷を減らす観点からも重要である．例えば，可燃性廃棄物の焼却処理の際に発生するダイオキシン問題も，生ゴミを混ぜて燃やすことにより含まれる水分量などによって焼却温度が不安定になり，ダイオキシンが発生しやすくなることや，生ゴミに含まれる塩分に起因するものもあるとする説があり，生ゴミを焼却から除去する価値がある．また園芸農家などは，良質な堆肥の安定供給を求めているが，必ずしも要求が満たされていないことから潜在的需要がある．一方で，わが国の畜産農家の現状は，飼料のほとんどを輸入に依存しており，牧草さえもつくっておらず，糞尿を有効に農地に還元する場がなくなっているが，園芸農家とのタイアップなどに路はある．

B．家畜糞尿によるメタンガス発酵

家畜の糞尿による環境汚染問題は，世界的な問題であるが，その原因は，あ

る特定の地域で集中的に多数の家畜を飼育していることにある（図8.5）．またその関係から地域で有効利用可能な量以上に糞尿が排泄されることや，大部分の農家が安くて扱いやすい化学肥料に慣らされて，家畜の糞尿の価値を認めていないこと．あるいは，労力的な問題，さらに糞尿による地下水汚染，河川の汚染や悪臭の発生問題などによって嫌われているなどがある．

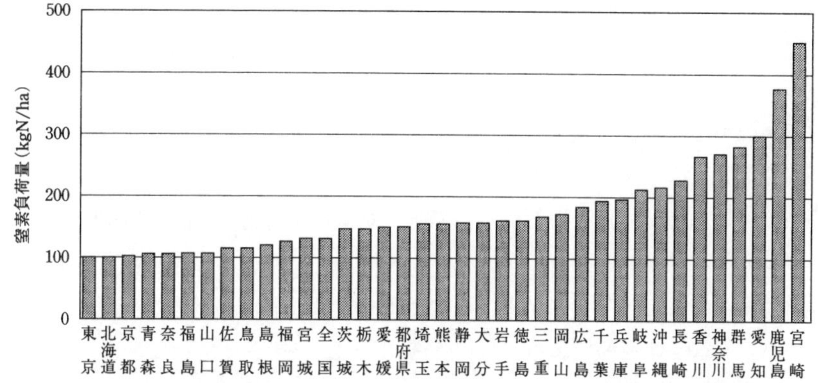

図8.5 都道府県別（1994年）家畜糞尿中窒素の農耕地への負荷量（松田，2001[8]より）

家畜糞尿による環境汚染は，大気汚染，水汚染，土壌汚染が挙げられる．大気汚染としては，悪臭，メタンガスやアンモニア，亜酸化窒素が糞尿から発生するなどがある．アンモニアは酸性雨をもたらし，メタンガスと亜酸化窒素は地球の温暖化ガスとして問題がある．糞尿の農地への過剰投与は農産物への窒素やカリの移行はもちろんのこと，地下水汚染が大きな問題となっている．これらの問題から「農業環境三法」が施行され，「家畜排泄物の適正管理の促進」，「持続性の高い農業生産方式の導入の促進」など適正処理が求められている．ただ地域的な偏りにより，すべてを堆肥にしても農地還元が難しいことから，他の方法も組み合わせて実施する必要に迫られている．その解決法の一つとして糞尿からのバイオガス発酵によるメタンガス回収がある．

バイオガスとは嫌気性微生物が有機物を分解するときに発生する可燃性気体のことであり，主成分がメタンガスであることから**メタンガス発酵**という言い方がされる．副産物として発酵液肥があり，作物の肥料として有効であり，化学肥料の節約になるが，日本ではいまだ未知の物質であり，実験的にメタン発酵している施設でも実験調査段階であり有効利用されていない．

バイオガス施設による有機性廃棄物の有効利用がすでに軌道に乗っているデンマークでは，個人の牧場で実施しているケースと共同で施設をつくっている場合があるが，いずれもメタンガス発電と暖房用熱利用を行い，さらに液肥の牧草地還元を組み合わせた循環型の酪農を行っている．このことによって火力発電所の二酸化炭素の排出量を少なくしており，地球温暖化問題にも貢献している．デンマークのバイオガス施設の経済性を例として見ると，年間12,000頭の出荷養豚の場合，農家のバイオガス装置への総投資額は1,400万円であるが，売電収入は年間520万円，畜舎暖房節約分が200万円と十分に採算がとれている．これには，化石燃料以外の発電に対する売電価格への保障制度や施設への助成など優遇制度の充実が大きい．トータルな視点で持続的農業，環境汚染，地下水の安全，二酸化炭素削減など多面的にものごとをとらえ政策に反映させていくことが重要である．

C．生ゴミの堆肥化

ドイツの自治体では生ゴミを他のゴミと別に収集して堆肥化して土壌へ還元する流れができている．10年前までは，埋め立て処理され一部の処分場では発生するメタンガスをポンプで集めて発電と給湯に使用していたが，現在は堆肥化されている．これはEU全体の傾向であり，有機性ゴミの堆肥化は特にオランダでの取り組みが95％と突出しており，ドイツが約50％である．堆肥化には原料のゴミを分別して質の良い堆肥をつくることが基本であり，堆肥化の技術開発に力が入れられており，ハイテクを利用した堆肥製造も増えている．ドイツの場合，調理クズなどの生ゴミは堆肥化原料に良いが，食べ残しなどの残飯は基本的にはメタンガス発生用として扱う．ドイツでは1998年には堆肥化施設は600ヶ所となり，つくられた堆肥は個人のクラインガルテン（市民農園），農業・園芸用，露天掘り旧炭鉱跡地の緑化など需要はある（図8.6）．

日本では都市における生ゴミの堆肥化は実施されておらず，かつて行っていた豊橋市も現在は止めている．家庭の廃棄物から生ゴミを別にすると，焼却量は大幅に減量するし，焼却温度も安定することからダイオキシン対策にも良い

図 8.6　ドイツの生ゴミ堆肥化施設

ことははっきりしているが，消極的であり，小規模な市町村で部分的に行われているだけである．

最近注目されていることとして，生ゴミの分別回収をするところの一部で使用されている「生分解性プラスチック」のゴミ袋がある．素材はトウモロコシを原料として，ポリ乳酸でできており，回収した生ゴミは袋ごと砕いて堆肥化できるというメリットがある．この他に，生分解性プラスチックはポリブチレンサクシネート系やデンプン系，あるいはおもしろいのは生ゴミを原料にしたプラスチックの研究である．ポリ乳酸系ゴミ袋の場合，堆肥化の段階で 60℃くらいに発熱する発酵熱で加水分解してオリゴ乳酸になり，この乳酸は微生物の栄養になり，最終的には二酸化炭素と水に分解する．ただネックになっているのは，価格が高いという問題でありポリエチレンに比べてポリ乳酸系で 5 倍前後もする．しかし，生ゴミによる生分解性プラスチックの実用化や，大量生産が進めば価格も下がるであろう．実際，アメリカのカーギル・ダウ社では 2002 年に年間 14 万トン生産できるポリ乳酸プラントを本格稼動させるなど価格低下の動きがあり，10 年以内にはほぼ半額になると試算している．生分解性プラスチック製品は回収してゴミ袋やフラワーポットに再生して，最終的には土に戻すことができるなど理想的と言われている．ちなみに日本で現在使用されている生分解性プラスチックは 2001 年で 6,000 トンとプラスチック全体の 1 %以下ではあるが指定袋に使っている自治体がある．北海道富良野市では，新しい指定ゴミ袋として生分解性プラスチックで生ゴミを回収しているが，買い物袋サイズで10枚250円前後である．この他に，畑のビニールマルチ用フィルムや苗木用ポット，さらに土木工事用の土嚢にも使われだしている．また急速に需要が伸びている例として梱包用クッションとしての緩衝材がある．植物材料のプラスチックは焼却の場合も有毒ガスは出ないし，二酸化炭素も少ないことから，文房具や水切りネットと伸びが期待される．1980年代後半にヨーロッパで製品化され，ドイツなどでは一部買い物袋やコップなどにもなっていて，普及が図られている．

8.4.5 環境に対するドイツの意欲的な行動

環境保全に対するドイツの意欲的な取り組みは，廃棄物政策にも現れている．ゴミの発生の抑制やリサイクルなどのために，先進的な取り組みが行われてきた．有名なデュアル・システム・ドイツ（DSD：二重システム）がそれであり，これまで家庭ゴミの収集は日本と同様に市町村が行ってきたが，その中の包装ゴミに関しては，事業者責任で収集処理するシステム（これまでは税金で処理してきた）とし，2つのシステムを併存するものである．特に意味があるのは，事業者に対しては単に収集・処理だけでなく，一定以上の割合でリサイクルする責任も課していることである．

この制度は，事業者責任を明確にし，事業活動に伴って出たゴミは，事業者の責任で処理することを徹底させるものである．この処理費用の負担は商品に上乗せされて，消費者が払うことになるが，その商品を使わない市民は税というかたちで一律負担させられていた分がなくなる．また商品へのゴミ処理費用の上乗せは，企業努力で小さくすることも可能で，価格競争の中でゴミ削減努力を生み出す動機付けになると判断された．DSDは事業者責任を明確にした点で評価されている．

図8.7 ドイツのDSDが使っているグリーンポイント

ただ消費者にとってはDSDを示す「グリーンポイント：Der Grune Punkt（図8.7）」の商品を購入することは，環境によいことをしていると錯覚してしまう．ゴミ削減の努力が，グリーンポイントの商品使用にすり替えられる傾向がある点である．グリーンポイントのついた商品は，単にDSDに回収費用を払っている印にすぎずたくさん商品を購入することは，「ゴミ回避」にならないのである．その結果，ワンウエー（使い捨て）瓶が増え，リターナブル瓶（詰め替え再使用）までワンウエーに回す例が出ているなどがある．しかしトータルに見ると，DSDシステムは，ゴミの削減に効果があったということであり改善すべき点はあるが見習う点が多いといえる．

循環経済法と拡大生産者責任

ドイツでは1994年に循環経済法という画期的な法律を制定して，廃棄物の削減をはかった．この法律は，廃棄物処理に順位をつけて，まず削減すること，次に発生したものはリサイクルすること，それでも出るものを廃棄すること，をはっきりさせた．またこの法律では，製造者や販売者に，すべての製品に対して次のような義務を負わせている．

①環境に調和した製品の開発や再生資源利用すること，

②有害物質の表示と返還義務を表示する，

③引き取りと再利用の義務

またDSDの導入は，「拡大生産者責任」の考え，つまり「廃棄物（生産物，製品）に対する責任は生産者が負う」ものであり画期的なのである．「拡大生産者責任」は，廃棄物の処理・リサイクルがこれまでの自治体・住民から生産者・消費者に転換されたことであり，廃棄物になったときの処理のしやすさ，リサイクルのしやすい製品をつくること（つまり設計，材質をあらかじめ配慮する）の責任が生産者にあるというものである．この考え方は，これまで「生産と消費の流れしか視野になかった市場に，廃棄段階の費用が加わり，処理・リサイクル費用を含めた価格」で市場競争しなくてはならなくなった．これは，廃棄物の処理費用の負担を生産者に負わせる，その費用は商品価格にはねかえるが，企業努力で価格差が出る，つまり「より処理しやすい，リサイクルしやすいものを開発すること」が安い製品価格につながり，良く売れることになる．

この考え方はドイツでまず包装材においてスタートし，自動車，家電などにおいても実現しつつある．日本では，「ヨーロッパに先駆けて家電リサイクル法を実施した」と言っているが,「拡大生産者責任」に則ったものではなく,一律に引き取りとリサイクル費用をとるもので,残念ながら企業努力を生み出す動機付けへの意味合いは小さいのである.

8.5 環境ホルモン

8.5.1 環境ホルモンから「どう身を守るか」

環境ホルモンの正式名称は「外因性内分泌攪乱化学物質」であり,身体の外にある化学物質が原因で,つまり本来のホルモンではない物質が,ホルモンの働きを攪乱するという意味である.海外では一般的にはEndocrine Disruptorsが使われているが,Environmental Hormone(環境ホルモン)も使われている.環境庁は1998年5月に「環境ホルモン戦略計画SPEED 1998」において「動物の生体内に取り込まれた場合に,本来,その生体内で営まれている正常なホルモン作用に影響を与える外因性の物質」と定義している.またアメリカホワイトハウス科学委員会は,1997年のスミソニアン・ワークショップで「外因性物質で,生体の恒常性,生殖,発生,あるいは行動に関与する種々の生体内ホルモンの合成,貯蔵,分泌体内輸送,受容体結合,ホルモン作用,その分解・排泄などの過程を阻害する物質」としている.

日本では,67種類の化学物質が環境ホルモンと疑われる物質として報告されており,これらのうちの約6割を農薬が占めている.環境ホルモンは,これからさらに増えることはあっても減ることはないであろうと,予測されている.日本化学工業協会は,海外の文献などから約2倍の144の化学物質を疑わしい物質として挙げており,現在約70から150種類の化学物質が環境ホルモンとして疑われていると言える.

ヒトのホルモンは,脳下垂体,甲状腺,膵臓,腎臓,副腎,卵巣,精巣などでつくられ,これらのホルモンは血液に分泌されて各臓器や組織に運ばれ特定の受容器(レセプター)と結合した場合だけ,一定の臓器や組織の機能を調節する.またごく微量で大きな生理的調節作用を営み,その作用は即効的であるという特長を持っている.

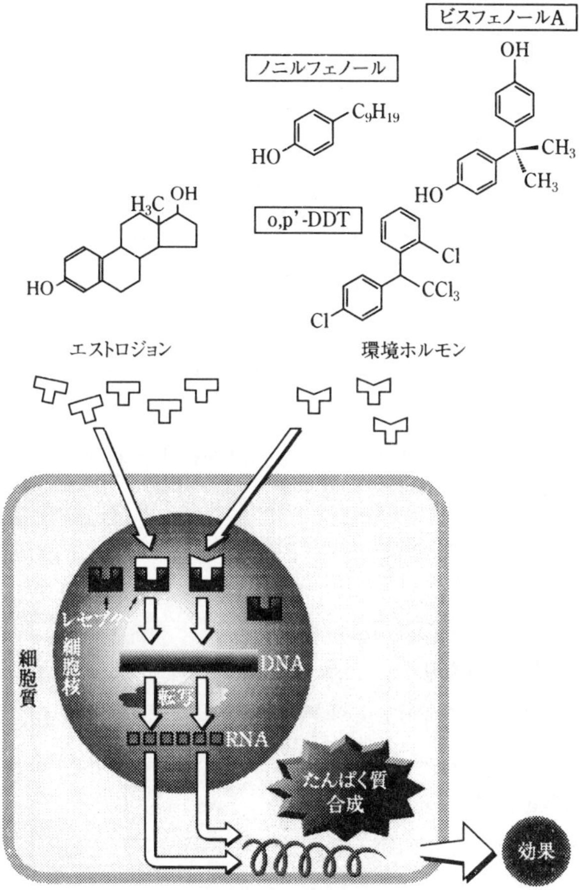

図 8.8　エストロジェン類似作用のメカニズム
（吉田昌史，1998[9]より）

環境ホルモンの作用の仕方は，次のように考えられている（図 8.8）．

正常なホルモンは，発生や発育などの諸段階で特異的な生理活性を示し，ホルモンレセプター（受容器）を刺激して遺伝子を活性化し，必要な生体反応を起こす．ところが「環境ホルモン」は，特定の受容器（鍵穴にたとえる）に合鍵のように機能してスイッチを作動させて（刺激して）不要に遺伝子を活性化させ，本物のホルモンの働きを妨害，攪乱する．つまり本来働くときに正常なホルモンが来ても鍵が開かず（スイッチが入らず），活性化しない．その結果，時には不要なものが過剰に出来，また必要なものが不足して，生体の正常な機能が果たせなくなる．これらのことは，動物実験で確認例が報告されていることから，ヒトの生殖器の異常，精子の減少や子宮内膜症も環境ホルモンの影響が懸念されている．

環境ホルモンには前述のように，農薬に由来するものが6割以上（すでに日本で使用が禁止されているものもある）を占めており，また廃棄物，特にプラスチックに由来するものも10種類近くあり，処分場との関連で河川の汚染を起こしているものがある．また環境ホルモンの問題はこれまでの毒物質などの濃度とは全くレベルの異なる低濃度で影響を及ぼすという問題がある．これまでの毒物の濃度の100万分の1，1億分の1，1兆分の1などと測定自体が難しい濃度で影響や被害の出るものがある．また，生物濃縮が大きく影響することから，食物連鎖の上位のものほどその影響が大きい．

本来ホルモンは，必要な時期に（早過ぎず，遅過ぎず）必要な濃度で（多過ぎず少な過ぎず）存在して，はじめて正常に機能するようにできている．これは，生物がきわめて微量なホルモンを，繊細にコントロールして機能させるシステムを進化の中でつくり上げてきたことの結果である．環境ホルモンの問題は，この生命システムの根幹にかかわり，種の存続にかかわる重大問題なのである．

A．身近な環境ホルモン汚染

河内は，福岡県内の久留米市一般廃棄物最終処分場からあふれ出したゴミに触れた雨水を調査したところ，次のように環境ホルモンによる汚染が確認された（表8.10）．

表8.10のようにノニルフェノールおよびビスフェノールAは，建設省（当時，1998年，1999年の報告）が行った筑後川本流の調査における久留米市・瀬の下の数値と比べると，前者ノニルフェノールは瀬の下では1ℓ当たり0.1 μg以下で検出されていないが，久留米市の処分場からあふれた水では6.9 μg（μ（マイクロ）は百万分の一）検出され，後者では6,000倍から7,000倍の高濃度で検出されている．新潟大学の高橋による新潟県内の産業廃棄物処分場の排出水調査では，ビスフェノールAの濃度が，周辺河川水の10倍から100

表 8.10 久留米市高良内・内野の調査ポイントBの結果（河内，2000[10] より）

項目 ＼ 試料名	河川水 ($\mu g/\ell$)	検出下限 ($\mu g/\ell$)	計量方法
ノニルフェノール	6.9	0.1	固相抽出 誘導体化 GCMS 法
4-t-オクチルフェノール	0.68	0.01	固相抽出 誘導体化 GCMS 法
4-n-オクチルフェノール	1.3	0.01	固相抽出 誘導体化 GCMS 法
ビスフェノールA	75.0	0.01	固相抽出 誘導体化 GCMS 法
フタル酸ジ-2-エチルヘキシル	0.5 未満	0.5	液液抽出 GCMS 法
フタル酸ブチルベンジル	0.2 未満	0.2	液液抽出 GCMS 法
フタル酸ジ-n-ブチル	0.5 未満	0.5	液液抽出 GCMS 法
アジピン酸ジ-2-エチルヘキシル	0.18	0.05	液液抽出 GCMS 法
スチレンモノマー	0.01	0.01	ヘッドスペース GCMS 法
17-β-エストラジオール	0.009	0.001	ELISA 法

1. 試料採取月日：1999 年 6 月 28 日　午前 10：00
2. 試料採取区分：貴社採取　気温 24℃　水温 23℃　天気 雨
3. 計 量 方 法：環境庁暫定分析法による

倍であることが報告されている．このように，廃棄物処分場は，環境ホルモンの重大な汚染源の一つになっているが，現状では野放し状態である．

ノニルフェノールは，主に非イオン系合成界面活性剤に由来するものであるが，その他にプラスチック類の酸化防止剤や帯電防止剤（静電気防止），農薬の添加剤にも使われている．東京・多摩川のコイ（鯉）の生殖器障害を起こした原因物質の疑いがあると言われてきた．ノニルフェノールと魚類の雌化の関係について環境省は，2001 年にメダカの実証試験で強い影響を与えていることを世界ではじめて確認した．また坂部貢によるラットを使った実験では，体重 1 kg 当たり 3～30 μg の低濃度で免疫細胞をつくる胸腺の縮小およびリンパ球の減少が確認されており，免疫機能の低下の可能性がある．

もう一つ高濃度で検出されたビスフェノールAについて見ると，主にプラスチックの原料であり，給食用食器やサラダボール，哺乳ビンなどに使用されているポリカーボネート樹脂や缶詰内側のコーティングに使われるエポキシ系樹脂の材料として使われている．住宅建材には，サンルーフなどの樹脂にも含まれており，塩化ビニール（塩ビ）の安定剤にも使用されており，廃棄物として捨てられると今回のように，処分場に降った雨水や浸出水に含まれて流れ出すこともある.

これまでの動物実験では，ビスフェノールAは，体内に入っても微量なら肝臓で解毒されて問題ないとされていた．ところが横田・湯浅の報告では，微量でも長期間摂取し続けると，肝臓の解毒能力が低下していくことが明らかにされている．動物実験では，体重1kg当たり20μgのビスフェノールAでも精子形成に悪影響のでることを発表している．

ヒトの場合，胎児は，これらの環境ホルモンによる汚染が見られるかという点について，森千里は，「胎児は必ずしも内分泌攪乱物質から守られていないことがわかったが，その影響は不明」としている．また井口らの共同研究の「へその緒（臍帯）の調査」によって，「母体から胎児へは移行しないのではないか」と考えられていたノニルフェノールやビスフェノールAが胎児に移行していることが明らかになり，微量でも胎児期の影響が懸念される．脳の発達や体の各器官の形成に最も重要な時期に，本来と異なる化学物質によるホルモン作用を受けると，生殖器や脳の発達に異常な情報が伝えられることが心配なのである．欧米では，男児の生殖器の異常，尿道下裂や停留睾丸が増加しており，日本でも増加傾向が認められている．野生動物では，アメリカで野生の雄カモメの雌化が見られ雄同士で巣作りする現象が報告されたりしている．また，北アメリカの工業地帯・五大湖周辺の魚食性のアジサシやカモメの生殖率の低下がみられている．

母体のノニルフェノール汚染は，食べ物由来が一つ考えられる．国立医薬品食品衛生研究所（厚生省）の1999年の発表によると，魚や野菜，肉類（牛肉，豚肉など）からもノニルフェノールが検出されている．食品での検出理由としては，販売時の塩ビのラップに包まれていたことが挙げられている．もう一つ魚では，海水中のノニルフェノールによる蓄積の可能性があるとされている．

中地らによる九州，中国地方の水道水の調査では，驚いたことに2ヵ所で1ℓ当たり0.11μgおよび0.29μgと微量ではあるがノニルフェノールが検出された．ただこのレベルの濃度では，すぐに健康被害が出るこはないと考えられているが，無視すべきではない．

日本では多くの水道水は河川水に依存しており，旧建設省の調査結果から全国の一級河川を見るとその7割から，プラスチック類に由来する環境ホルモンが検出されており，水道水中に検出されても何ら不思議はないことである．また同調査によると，筑後川上流の日田市で採取された雄のコイとゲンゴロウブナから雌化を示す指標であるビテロゲニン（女性ホルモン作用を持つ）が検出されており，コイの雌化は東京・多摩川だけの問題ではないことは明らかである．

B．環境ホルモン対策

プラスチック製品は，安くて，軽くて，丈夫といいことばかりと思われてきたが，廃棄物処理の視点から見るとこれらの性質がすべて短所になっている．安いから捨てても惜しくないし，再生資源とするにはかさ張って輸送コストがかかり，さらに安い製品しかできない，その典型は，ペットボトルのリサイクルが上げられる．集めた再生用ペットボトルは，再生材料としては使いきれず，また再生品も在庫の山になって焼却されている．また丈夫だから処理に手間取り，一方で燃やすと，塩ビからのダイオキシンを筆頭に，重金属や有毒ガスの発生や，そのまま埋めるとかさ張り地盤は安定せず，さらに環境ホルモンが溶け出すなどがある．またプラスチックの焼却灰からは，重金属も流れ出す．このような面からプラスチックの増加に歯止めをかけて，減らすことが必要である．どうしてもプラスチックを使う必用がある場合以外には，使わない，買わない努力が求められる．

カップ麵やカップのインスタント味噌汁のようなプラスチック容器の食品を減らしていくことや，ラップは塩ビ以外の代替品が出ている．赤ちゃんや子どもの使う哺乳瓶，食器，はし，オモチャなどはプラスチックのものを避ける．横浜市の調査によると，ポリカーボネート製の給食用食器や哺乳瓶からビスフェノールAが溶け出すことが明らかになっている．小さなことであるが，買い物袋を持参して無料のポリ袋はもらわない，発泡スチロールなどのパック食品は買わない，またペットボトルを使わないなどして，ゴミを減らす努力も必要である．

ヨーロッパでは，プラスチックの製造や使用を規制しているところが少なくない．スエーデンは1995年に塩ビの廃止を決め，デンマークでは生産・使用・廃棄の制限をした．またオーストリアも塩ビの使用を減らす方針を決め，ドイツは都市部で塩ビ規制を実施しているし，プラスチックのリサイクル推進のために1991年から「包装廃棄物回避令」により，包装材の引き取りを義務化し，また塩ビのおもちゃの規制も進んでいる．塩ビ製の赤ちゃんの「歯固めや玩具」から発ガン性と環境ホルモン作用のある，フタル酸エステル類が検出されている．この化学物質フタル酸エステル類は，塩ビをやわらかくする，柔軟剤として使われている．

C．食物繊維で汚染物質を排泄する

福岡県保健環境研究所の森田邦正らは，ラットの実験で植物性の食物繊維の摂食がダイオキシンの排泄を増加させることを確かめている（図8.9）．特にコメヌカの繊維による排泄効果が高く，無繊維食に比べて4.2倍，ホウレンソウでは3.4倍も排泄する．葉緑素も高い排泄効果を示すことから，緑黄色野菜を多くとることも良いようである．食物繊維による除去作用はダイオキシンだけでなく，様々な汚染物質，例えば，発ガン性物質の除去効果のあることも知られている．ただし，野菜類は農薬汚染やダイオキシン汚染も多少あることから，良く洗浄し，表皮を剥く，外葉は除去，根菜のヒゲ根やヘタを除去した方が表面についた農薬やダイオキシンを減らすことができる．

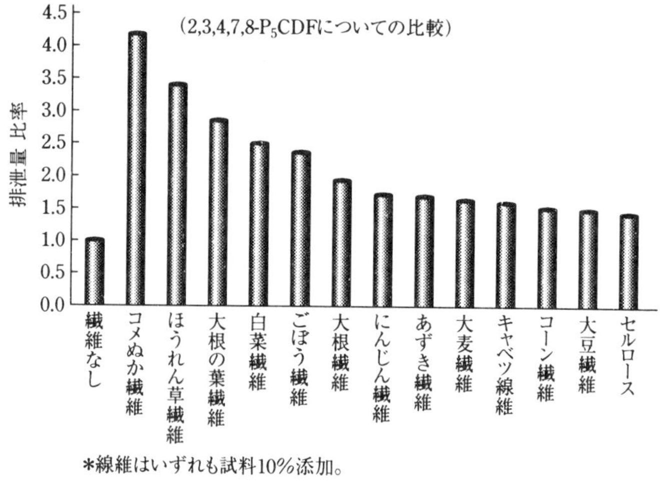

図8.9 食物繊維によるダイオキシン類排泄効果（足立，1999[12] より）

8.5.2 ダイオキシン

A．枯 葉 剤

一般市民にとってダイオキシンという言葉が最初に登場したのは，米軍によってベトナムのジャングル攻撃に使われた枯葉剤とその結果生まれたベトちゃん・ドクちゃんの悲劇からであろう．枯葉剤は除草剤の一種であり 2,4-D, 2,4,5-T の中に不純物として混入していた物質が 2,3,7,8-四塩化ダイオキシンであった．南ベトナムのダイオキシン散布地帯では流産，早産，不妊が散布前に比べて異常に増加し，奇形児の出生割合は 10 倍以上と高くなっている（表 8.11）．米国のベトナム帰還兵の夫婦からも奇形児出産率が高く，異常出産は流産も含めて 2～3 倍に増加したとする報告がある．また帰還兵の発ガンリスクは 4.6 倍も高いとの報告もある．いまだに，南ベトナムのタイ・ニンでは高い濃度（約 TEQ で 25 ppt）でダイオキシンが残留している．さらに親がダイオキシンを浴びたヒトから産まれた第二世代から産まれた三世代目の子ども（孫世代）にも奇形児の出産が見られるという報告がある．

表 8.11 ベトナムの枯葉剤被曝者と非被曝者における生殖障害発生率の比較（宮田，1998 b[13] より）

生殖障害の種類	生殖障害発生率（%）		
	南ベトナム タンフォン村	北ベトナム ホーチミン市	
	被曝群（7,327 例）	被曝群（294 例）	非被曝群（6,690 例）
先天奇形	1.11 %	5.44 %	0.43 %
死産	0.81 %	0.34 %	0.03 %
流産	8.01 %	16.67 %	3.63 %
胞状奇胎	0.74 %	3.74 %	0.39 %
出産異常*	12.47 %	26.19 %	4.65 %

（ ）内の数字は妊娠数　*新生児死亡を含む

ダイオキシンは，発ガン性，催奇形性，内臓障害，免疫異常などをもたらす，史上最強の毒物といわれている．塩素の数と位置によって異性体があり，

2個のベンゼン核を酸素で結合させた有機塩素系化合物で，水素と塩素の置き換わる数と位置によっていくつもの種類に分けられる．

ダイオキシンというのは正式名ではなく，**ポリ塩化ジベンゾダイオキシン**の略である．このような異性体が多く，性質は似ているが，毒性は大きく異なることから，毒性が最も強い2,3,7,8-四塩化ジベンゾ-パラ-ダイオキシン（2-3-7-8 TCDD）の毒性を基準値の1として，毒性等価（TEQ）で示すことになっている．

学問的にはダイオキシン，ポリ塩化ジベンゾフラン，コプラナPCBの3つをダイオキシン類と呼んでいる．いずれも毒性が強く，よく似た健康への影響や蓄積性が知られている．欧米では，コプラナPCBもあわせてダイオキシンの許容量を決めており，汚染対策と安全性を考えるためには，わが国でも欧米同様の扱いが必要である．

ダイオキシンの毒性を半数致死量で見ると，実験動物によって感受性に顕著な差のあることがわかる（前出表8.6）．このことは摂取許容量を決める場合に，どの種類の動物実験によって決めるかによって大きな差が出るということであり，信頼性が問題になる．

ダイオキシンの毒性は，動物実験などから精巣の萎縮，精子の減少，脾臓萎縮による免疫力の低下，子宮内膜症の発症の可能性，脳の発達障害，皮膚や肝臓での発ガンの促進などが上げられている．コプラナPCBもほぼ同様の作用があると言われている．ダイオキシンによる精子減少の可能性は，サル，マウス，モルモット，ニワトリなどの動物実験によると精巣の萎縮，精子をつくる機能の低下などが現れるが，これは男性ホルモンをつくりだす機能の低下によると考えられている．ダイオキシンの環境ホルモン作用としては，女性ホルモンの分解や女性ホルモンの受容体を減少させるなどの性質があり，女性ホルモンの作用をおさえるような働き方をすると考えられている．

前述のように除草剤の中の不純物として含まれたダイオキシン入り除草剤は日本でも全国的に使用され，水田除草剤，山林の下草除去に大量に使用された．林野庁は1970年代に入って2,4,5-Tの危険性を察知して全国の営林署に山林埋め立てを指示し，大量に林野に埋め立てている．また水田除草剤としての使用も含め農薬として散布された分があり，現在問題になっている廃棄物がらみで発生するダイオキシン以前の分もすでに海底や河川・湖沼の底泥として見つかっている．

B．PCB 汚染

ダイオキシンの類似物質として知られる PCB 汚染（ポリ塩化ビフェニール）は 1960 年代に北部九州で起きたカネミ油症事件として知られる．その後，台湾でもほぼ同じように油症事件（1978～1979 年）が発生し，PCB の混入したライス・オイルを食べた人が発症した．その被害者から産まれた子供の知能低下のみられることが報告されている．

油症事件の原因物質はポリ塩化ジベンゾフラン（PCDF）とコプラナ PCB であり，被害者から産まれた子供は，胎児期に PCB が母親の胎盤を通して胎児を汚染し，さらに母乳を通して汚染物質が蓄積した．図 8.10 に示すように患者の子供の総合知能指数（IQ）は，対照区の子供に比べて明らかに低い．この原因は，PCDF，PCB によって母体の甲状腺機能に障害が起き，チロキシンの分泌が減少した．チロキシンは胎児の発生過程における脳の発生や分化と密接な関係があり，欠乏すると脳の発達に悪影響が出るのである．母親の甲状腺機能は，胎児の甲状腺機能の確立に密接に関係することから，母体のホルモン濃度の低下は胎児の脳細胞機能にかかわり，脳に不可逆的な障害を与えるのである．

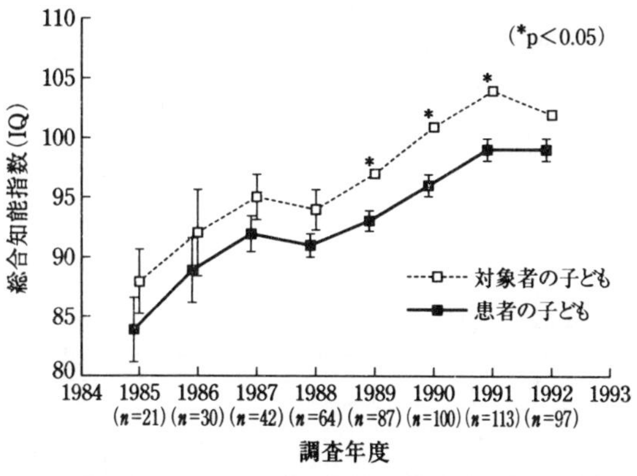

図 8.10 台湾の油症患者と対象者の子どもの総合知能指数（IQ）
（宮田，1998 a より）

また，油症患者の子供は，耳の疾患を持って生まれた子が多く，鼓膜や中耳の陰圧の異常が有意に高く，鼓膜の異常も明確な有意差を持っている．この原因は，免疫機能が低下していて，風を引きやすい体質であり，風邪を引くと咽喉の病原菌が中耳炎を起こし，そのために鼓膜の異常が発生する．あるいは，耳管が炎症を起こして粘膜やリンパ管が腫れて耳管狭窄を起こして，中耳陰圧の異常となると考えられている．

C．子宮内膜症

子宮内膜症は子宮内膜が子宮以外の部分に増殖したものであり，月経困難症，不妊症などを起すことが知られている．ダイオキシンが原因で起きる子宮内膜症についての推測メカニズムは図8.11のようである．子宮内膜の細胞に黄体ホルモンと女性ホルモンが結合する受容体があるが，ダイオキシンはこの受容体に影響を及ぼす．特に，女性ホルモンの受容体数を減少させ，その結果相対的に黄体ホルモン作用が強く働いて，子宮内膜の細胞が感染を受けやすくなり，子宮内膜症を起すと考えられている．また子宮内には免疫細胞や分泌細胞も存在し，生理活性物質であるサイトカインが分泌される．ダイオキシンは免疫細胞や分泌細胞のサイトカイン分泌制御機能を狂わせて，サイトカインを過剰に分泌させて子宮内膜を感染しやすい状況にして，内膜症を起すとするメカニズムも考えられている．

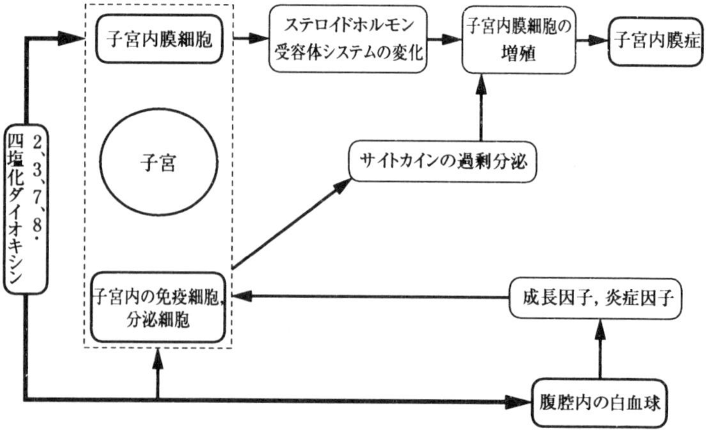

図8.11 子宮内膜症の発症機構の推定（宮田，1998 a より）

D．男性の生殖機能低下

サル，マウス，ラット，モルモットなどの動物実験によると，2,3,7,8-四塩化ダイオキシンの投与によって，精巣の萎縮，精子を作る機能の低下，精子数の減少，ペニスの縮小が起きる．これは男性ホルモンの合成機能の低下が主な原因であるが，比較的大量のダイオキシン投与で起きるとされている．ダイオキシン類は，脳下垂体，視床下部に作用して黄体形成ホルモン（LH：女性ホルモンの一種）の分泌を阻害し，その結果精子を作る機能や男性ホルモン合成機能が阻害される．

通常ホルモン作用は，フィードバック作用があり，例えば男性ホルモンであるテストステロンが精巣で過剰に分泌されると，血中のテストステロンも多くなり，これを抑制するために女性ホルモンであるエストラジオールなどの働きが上昇する（図8.12）．しかし，ダイオキシンが投与されると，男性ホルモンと女性ホルモンの間のフィードバック作用がうまく機能しなくなる．これはダイオキシンが女性ホルモン類似作用をしている結果と考えられている．

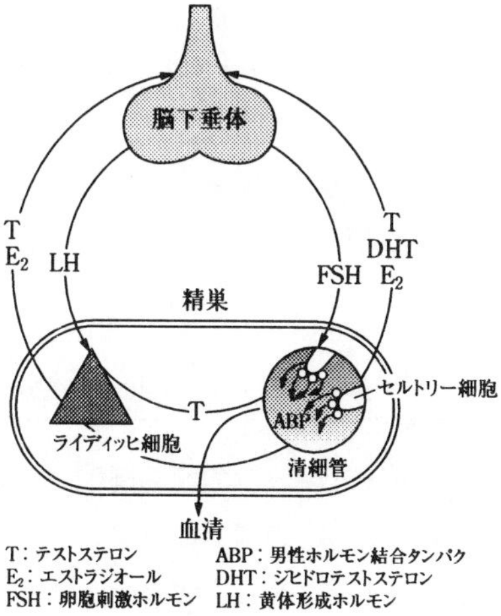

図 8.12 精巣機能のフィードバック機能（宮田，1998 a より）

E．食品からの取り込み

ダイオキシンは食品からの取り込みが最も多いことが知られているが，特に日本人では魚介類からの摂取が 60 %以上と多く，その比率はドイツ，イギリス，カナダと比べて大きく異なる（表 8.12）．欧米人ではその代わり乳製品，肉・卵類の比率が高くなることがわかる．日本で市販されている魚介類のダイオキシン濃度は魚の種類によって汚染濃度が異なり，外国産の外洋ものは比較的汚染濃度は低いようである．日本のものでは養殖ハマチや沿岸のマイワシで高い汚染が見られる．さらに見ると，日本人の場合どこのどの種類の魚介類をどれだけ食べるかによって，取り込み量が違ってくることがわかる．

表8.12 食物経由のPCDD＋PCDFの1日摂取量とその構成比（宮田，1998aより）

食事群	日本（大阪）		ドイツ		カナダ		イギリス	
	pgTEQ/日	%	pgTEQ/日	%	pgTEQ/日	%	pgTEQ/日	%
魚介類	105.0	60.0	33.9	26.0	17.0	12.2	7.7	6.2
乳製品	18.0	10.3	41.7	32.0	31.3	22.4	35.0	28.0
肉・卵類	17.5	10.0	39.0	29.9	61.0	43.7	42.9	34.4
緑黄色野菜	11.0	6.3	3.7	2.9	11.0	7.9	12.2	9.7
コメ	11.0	6.3						
砂糖・菓子	3.0	1.7						
油脂	2.9	1.7	0.6	0.5			19.0	15.2
野菜・海藻	2.4	1.4						
豆製品	1.2	0.7						
調理食品	0.7	0.4	3.9	3.0				
調味料・飲料	0.6	0.3						
果実	0.6	0.3	2.0	1.5	13.3	9.5	2.8	2.3
穀類	0.2	0.1	5.5	4.2	6.3	9.5	5.3	4.2
合計	175.0	100.0	130.0	100.0	140.0	100.0	125.0	100.0

F．ダイオキシンの簡易測定

ダイオキシンの測定にはずいぶんとお金がかかり，どこでも簡単に測定し難い面がある．しかし，簡易測定の方法として最近注目されているのがクロマツの針葉に蓄積されたダイオキシンの濃度を調べる方法であり，摂南大学の宮田教授らのグループによって研究されたものである．これは大気汚染との関係を調べるもので，クロマツは，光合成の過程でダイオキシンを含む大気を取り込み，クロマツが特に多く含む油脂類にダイオキシンが安定的に蓄積する性質を利用するものである．クロマツのダイオキシン蓄積濃度は，周辺大気の平均的濃度を反映しているとして，1998年には環境庁（当時）の行ったダイオキシン調査の対象物質になった．もちろん，クロマツの葉に含まれるダイオキシンを測定して蓄積濃度を分析する必要はあるが，手軽に素人がサンプルを集めることができる方法として，市民団体などが各地でサンプリングしている所も出てきている．

全国の測定結果を図8.13に示すが，地域によって汚染濃度にかなりのバラツキがみられる．また，汚染濃度は大気の分布状態によって影響されるが，ダイオキシンの発生源である焼却施設から近いところはもちろん高いが，離れていても濃度の高い所もでてきていると報告されており，大気濃度は地形，風向きなどによって影響されるようである．

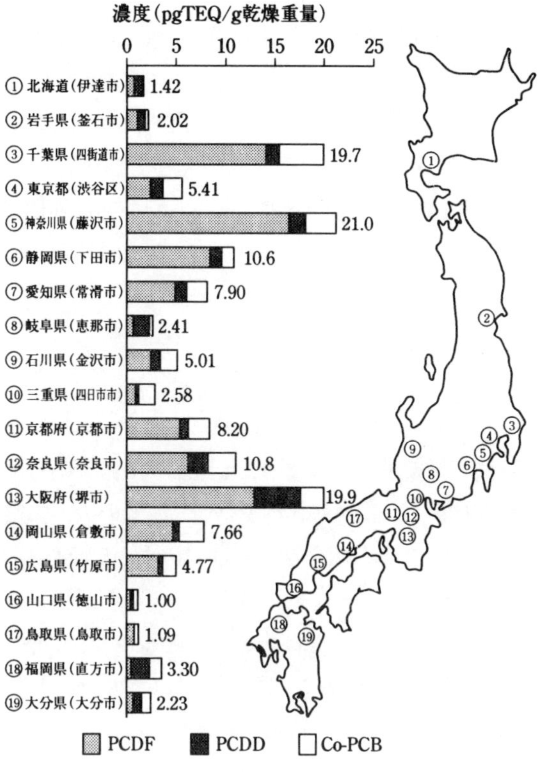

図 8.13　日本各地におけるクロマツ針葉中のダイオキシン類の TEQ 濃度（宮田，1998 a より）

8.6　化学合成物質の被害

天然に存在しなかった化合物が化学の力で合成されるようになり，その数は 700 万種とも 800 万種ともいわれている．世界で日常的に使用されている化学合成物質だけでも10万種に達すると言われており，さらに毎年500〜1,000種が追加されている．これらの化学合成物質は，人も含むすべての生物にとって，進化の歴史の中で全く未知の物質であり，安全性，毒性について必ずしも万全とは言えない段階で製品化されているのが現状である．化学物質のうちの80％は，毒性についての情報がなく，慢性毒性や変異原性といった子孫の未来にかかわる情報のための実験は，さらにごく一部しか行われていないとされている．

私たちの知らない間に，有害な化学物質が人体に入り込んでいる現実のなかで，ダイオキシン，PCB，農薬，あるいは揮発性有機化合物が大気や土壌，水を汚染し続けている．化学合成物質のもたらした生活の利便性の恩恵を否定することはできないが，もう少し慎重な接し方と対応が必要な時期にきていると言えよう．

8.6.1 化学物質過敏症

化学物質過敏症は，ある化学物質に一度触れると，その次は100万分の1から1兆分の1といった超微量でも同様の反応が起きる．反応の起きる量は，一般的な中毒症状やアレルギーの量に比べて格段に少ないのが特徴である．化学物質過敏症について北里大の石川・宮田らは次のように定義している．「特定の化学物質に接触し続けていると，後にわずかなその化学物質に接触するだけで，頭痛などの症状が発症する状態が化学物質過敏症」．またその原因としては，「過去に多量の化学物質に曝露されたことで，体の耐性限界を超えてしまったこと．ただ原因となる物質は，特定の物質ではなく，すべての化学物質が原因となる可能性を有している」としている．

A．化学物質過敏症とアレルギー症

よく似た共通部分と，異なる点のあることが知られている．共通点は，ある程度の量の化学物質に曝露されて，一度過敏性になる（感作）と，その後は超微量の化学物質に曝露されても発症する（発作）．つまり，感作と発作の2段階で発症する．また同じように曝露されても，「発症する人としない人」というように，個人差が大きい．

両者の異なる点を見ると，アレルギー症は，免疫反応によるものであり，化

学物質過敏症は，自律神経系への作用が中心と考えられており，免疫系や内分泌系もかかわっていると言われている．アレルギーでは発症と物質の関係が一定であるが，化学物質過敏症では人によって発症する物質と症状が異なっている．例えば，アレルギー症である花粉症は，スギ花粉によってアレルギー性鼻炎，気管支喘息，アレルギー性結膜炎などが共通してでるが，発汗異常などの自律神経系の症状はでない．一方，化学物質過敏症では，以下に示しすような様々な症状が出ることと，原因となる物質が確認されているだけでも数十種類もある．

- 頭痛がする
- めまい，ふらつきが起きる
- 喉が渇く，喉が痛む
- 汗が非常に出る
- 目がヒリヒリする
- 耳鳴りがする
- 喘息が起きる
- 筋肉痛や関節痛
- 動悸や不整脈我起こる
- 全身的に疲れやすい

化学物質の使用が日本よりも長いアメリカでは，10人に1人程度が化学物質過敏症との報告がある．日本では調査が少なく正確にはわからないが，研究者はアメリカと同程度はいるが，「更年期障害」や「精神疾患」と扱う場合や，原因不明と放置されている場合が少なくないと言われている．

また症状のでる濃度で見ると，中毒はmg（1/1,000 gのレベル）であり，アレルギーはもっと低いμg（1/100万g）のレベルで起きるが，化学物質過敏症はng（ナノグラム：1/10億g）やpg（1/1兆）の桁外れに低い濃度で症状がでる．いくら低濃度の化学物質でも，しばしば曝露を受けると健康に害が出るということである．一度に大量の化学物質にされされるだけでなく，微量で長期間という条件でも，ある時期からその化学物質に過剰な反応を示すようになることがある．さらに他の物質に対しても反応する場合もある．

厚生省の1992年の報告によると，日本国民の35％がアレルギー様の症状を訴えており，その数は年々増加傾向にあると言う．したがって，常に化学物質による影響を考慮しておく必要がある．近年このようなアレルギー様症状の増加の背景には，現代人の体質変化も考えられる．加工食品や調理済み食品の普及によってビタミン，ミネラル分の不足，食品添加物などの化学物質が多量に体内に取り込まれ，免疫機能の低下などが考えられている．

B．シックハウス症候群

近年日本では，新築や改築したばかりの家やマンションに住みはじめたら，飼っていた金魚や熱帯魚，小鳥までが死亡した．ヒトに喉の痛みや目がチカチカする，鼻が乾く，鼻水が止らなくなるなどのアレルギー的症状が出る．さらには，頭痛やめまい，耳鳴り，不眠の症状が出るなどして体調がおかしくなるケースがある．

このような病気を，「シックハウス症候群」とか「新築病」と言うが，各地でこのような症状の出る人が増加し，社会問題になっている．「○○症候群は英語ではシンドローム（syndrome)」と言うが，心や体に前述のようないくつかの異常な症状が出ても，原因がはっきりしない，あるいは複数の原因が考えられるときに，仮につけられる病名である．シックハウス症候群と診断する基準がまだ決まっておらず，その原因や体の中での仕組みも良くわかっていない．

アメリカでも新しいビルや新築住宅で同じような症状を示す人がみつかっており，化学物質過敏症候群，あるいは多発性化学物質過敏症候群（MCS）として扱われている．シックハウス症候群は化学物質過敏症の一種であり，室内の化学物質が原因で起きたものを言う．ダニ，カビ，ハウスダストなどが原因で起きているものは，アトピーなどのアレルギーに含めて扱う．

近年建てられた家には，多種類の化学物質が使われており，家の壁や床に使われる材料や塗料，接着剤に含まれる化学物質や有機溶剤，防カビ剤などがある．また食器棚，タンス，書棚などの家具，カーペット，畳，洗剤，化粧品，洋服などにも多種類の化学物質が含まれる．これらの化学物質の中で，家の中に気体や微粒子状でただよっている化学物質が「シックハウス症候群」の原因と考えられている．現在まだ十分に原因が解明されていないということもあって，規制のない化学物質や規制が十分でない物質も少なくない．

化学物質は，温度や圧力の変化などで自由に固体から気体，気体から固体や液体に構造を変えることができる．したがって，化学物質過敏症を起こすいろいろな化学物質は，部屋の温度や湿度条件によって構造を変え，本来の役割を果たすこともあるが，ヒトに害を与える場合もある．この問題の解決のためには，どんな物質がどこにどう使用され，どのように人体に影響を及ぼし，どんな病気を引き起こす可能性があるのか「暮らしの中の化学物質」を調査する必要がある．その結果から，化学物質過敏症の症状が出る前に原因物質を取り除き，健康を確保する必要がある．私たちは便利な生活をするために多くの化学物質をつくり使ってきたが，その結果として野生生物をはじめ人間や自然環境への多くの害が出てきている．特に子どもや老人，病気で抵抗力のない人は，健康な人よりはるかに微量でも低濃度でも影響を受けることがわかってきたことから，化学物質との付きあい方を考え直す必要がある．

シックハウス症候群をアメリカではシックビルデイング症候群と言っている．シックは（sick）で病気，ハウスは（house）家の意味であり，これに症候群（syndrome）「様々な症状があらわれる」がついた言葉である．つまり「家が原因で起きる様々な症状の病気のこと」である．この病気はアメリカのビルの中で見つかり「シックビル症候群」と呼ばれた．日本ではビルよりも個人住宅でこの症状の健康障害が出てきたことから「シックハウス症候群」と言われている．

最近日本の個人住宅でシックハウスがなぜ発生しているのかというと，家のつくり方や素材の変化，冷暖房や燃料の変化が関係していると言われている．

燃料が薪や炭，練炭などからガスコンロ，ガスストーブ，石油ストーブなどに代わり換気装置もつけられているが，まだガスや石油から出る燃焼ガスは部屋の中から完全には除去されていないことがある．また家の壁や床，天井と家の中は合板やプラスチックに囲まれ，それらには化学物質の接着剤や塗料が使われている．一方で住宅の窓にはアルミサッシが使われ，気密性が高くて湿気が逃げ難く，カビやダニ，さらに感染性の菌類の繁殖に適した環境になっている．このようなことが，シックハウス症候群という新たな病気の原因になっていると考えられている．

現在の住居の多くは，壁や天井に抗菌剤や難燃剤を使ったビニールクロスやホルムアルデヒドを使用した合板と接着剤が使われている．床材や柱などの木材には防腐剤，防カビ剤，さらにシロアリ対策としての殺虫剤も使われていることが多い．畳には，ダニを防ぐための防虫加工が行われており，家具でも同様な加工がされ，カーテンにも抗菌処理や難燃処理が行われており，家中が人体に有害な化学物質で充満している（表 8.13）．

建材やカーテン，畳に含まれる化学物質は，気体になりやすいものが多く，

表 8.13　WHO による有機性室内空気の汚染物質の分類（大竹，1999[14] より）

名　　称	主な化学物質	沸点の範囲(℃)
超揮発性有機化合物（VVOC）	ホルムアルデヒド，アセトン，クロロホルムなど	0〜50-100
揮発性有機化合物（VOC）	ベンゼン，キシレン，トルエン，スチレン，テトラクロロエチレンなど	50-100〜200-260
半揮発性有機化合物（SVOC）	DEHP（可塑剤），有機リン系農薬など	240-260〜380-400
粒子状物質（POM）	リン酸トルクレシル（可塑剤），ホキシム，クロルピリホス，フェンチオン（有機リン系農薬）など	380 以上
全揮発性有機化合物（TVOC）		50-100〜300

さらに人体に異常を起こす物質が含まれるためにシックハウス症候群のような病気が発生しているのである．これらの化学物質が部屋に出てくる量は低濃度であり，これまで問題にならないと考えられていた量である．しかし，合板中や壁用ビニールクロス，壁紙の接着剤に含まれるホルムアルデヒドや有機溶剤は蒸発して室内に出るし，木材の防カビ剤や殺虫剤も蒸発してくる．ペンキやラッカーが塗られた家具や床からも有機溶剤が蒸発してくる．電気蚊取り器のマットやタンスの防虫剤から気体や微粒子状の農薬が発生し，ドライクリーニングされた洋服からは洗浄剤が出てくるなど全体の量は増加している．これらの物質が室内に充満して呼吸を通して体内に入り被害を起こしているのである．

C．シックハウス症候群の原因物質

a．工 業 製 品

家の建材としての天井，壁，床，畳，さらに塗料や接着剤の中にも化学物質が含まれる．家具やジュータン，カーテン，ソファーなどに使われている塗料，防ダニ加工や抗菌剤も化学物質であり，ヘアスプレーや香水，芳香剤，衣料用防虫剤，抗菌剤もすべて化学物質が使用されている．

b．薬　　品

家庭で意識せずに使用している農薬として電気蚊取り器，殺虫スプレー，ダ

ニ駆除剤，掃除機の中に装着するゴミ袋（抗菌，殺ダニ剤で処理されているものがある），防ダニ（防虫）シート，さらにシロアリ処理などがある．シロアリ駆除剤で処理すると「5年間はゴキブリも出ない」と宣伝しているが，それだけ効力が持続し人間の健康にも害が出るのである．ところが，困ったことに住宅金融公庫の木材住宅仕様書にはシロアリ駆除をするように指示がある．しかしシロアリ駆除剤は，農薬取締り法にも化審法（化学物質の審査及び製造等の規制に関する法律）による取締りにもかからない野放し状態にあると言われており，問題がある．ただ最近はヒノキやヒバなどの耐蟻性の高い材木の芯材を使うことも選択の中に加えられるようになった．

シックハウス症候群の問題でまず出てくるのは，ホルムアルデヒドであり，室内では気体になっていて，呼吸によって人体に取り込まれる．これは動物標本保存用に使われるホルマリン（ホルムアルデヒドを水に溶かしたもの）と同一の性質である．ホルムアルデヒドは建材の合板や壁紙，床のフローリング，家具の接着剤などに広く使われている．皮膚や粘膜に対する刺激作用が強く，呼吸器障害，中枢神経障害の原因にもなり，発ガン性もあると言われている．

また最近，環境ホルモンの疑いがあるとされるフタル酸2エチルヘキシル（DEHP），フタル酸ジブチル（DBP）などはプラスチック類，特に塩ビに多量に使用されており，室内にも粒子状になってただよっていると考えられている．また，プラスチックの溶剤や香料の原料に使われる酢酸ブチルや酢酸エチルも問題である．

ドライクリーニングに使用されるテトラクロロエチレンもクリーニングから戻ったばかりの状態では衣類に残っていて問題になることがある．身近に使用されている防虫剤やトイレボウルのパラジクロロベンゼンやナフタリンも粘膜刺激作用があり，血液障害を起こす．

これまで新築病として個人住宅中心の話をしてきたが，マンションもほとんど同じような建材が使用されており，とても安心できる状態ではない．新築マンションの床のクッションフロアや壁の接着剤の臭いが1ヶ月たっても消えず，「体がだるい，咳が出る」などの症状がつづくなどのケースもある．ホルムアルデヒドは時間経過とともに室内濃度は低下することが明らかであるがWHOの基準値（0.08 ppm）以下になるまで2年はかかる．

国土交通省はシックハウス症候群の対策としてホルムアルデヒド，トルエン，キシレン，エチルベンゼン，スチレンの5種類を対象に，化学物質がどれくらい放散されているかの数値を住宅性能表示制度の項目として追加することを決めた．新築の内装工事が完了後，窓や扉を5時間以上閉めて空気を採取，測定し，含まれる物質名，濃度，採取月日，測定者の名称などを表示する．しかしこの制度は任意であり，住宅メーカなど申請者の選択になっていることから，まだこれからの課題である．

D．シックハウス症候群，化学物質過敏症を予防する方法

これらを予防する方法として以下のようなことが考えられている．

①まず点検する　まず重要なのは生活の点検をして原因を取り除くことが重要である．シックハウス症候群も化学物質過敏症も家の中の化学物質が原因であり，新築の家に引っ越した，新しいマンションに入居した，家庭用の殺虫剤やシロアリ駆除の後に発症することが多い．そこで新築住宅に入る場合は，あらかじめ化学物質の濃度を測定してもらうか，部屋の温度を上げて換気を良くして化学物質を揮発させて除去するのが効果的である．

②頻繁に換気する　最も簡単な方法は頻繁に換気して部屋の空気を入れ替えることである．ただし，換気扇を回すだけでなく，取り入れ口と吹き出し口と部屋の中の空気に流れができるようにするとともに，扇風機を回して部屋の空気をかきまわすとよい．

表8.14　短期的にホルムアルデヒドにさらされた後の人体への影響（大竹，1999[14]より）

影　　響	ホルムアルデヒド濃度（ppm）	
	推定中央値	報告値
臭い検知閾値	0.08	0.05-1
目への刺激閾値	0.4	0.08-1.6
喉への炎症閾値	0.5	0.08-2.6
鼻・目への刺激	2.6	2.3
催涙（30分耐えられる程度）	4.6	4.5
強度の催涙（1時間止まらない）	15	10-21
生命の危機，浮腫，炎症，肺炎	31	31-50
死亡	104	40-104

③身体の防御反応を強くする　日常生活の中で周囲に化学物質が増えてきたことと，精神的，肉体的なストレスが多くなっていること．屋外よりも屋内に居る時間が増加していることなどが原因と考えられている．身体の防御反応を高めるには，規則的な生活で十分な睡眠をとる，適度な運動をする，食事もできるだけ規則的にきちんとした食事をとる，ストレスを避けるなどが上げられる．

私たちの身体は敏感で，優れたセンサーになっていることから，目，鼻，皮膚で敏感にキャッチして異変に気づいて回避することが重要である（表8.14）．

8.6.2　有害な化学物質を管理するPRTR制度

現在，ヒトの健康や生態系に害を与える可能性，「環境リスク」のある化学物質が，どれくらい使用され，どれくらい環境に放出されているかという，総合的なデータはないのが現状である．そこで，私たちの体に害のある化学物質がどれくらい使用され，それが廃棄され，その結果も含めて環境中にどれくらい放出されているのかを総合的に把握しようとする動きがようやく出てきた．化学物質の総合的なデータを把握して情報として公表する制度が環境汚染物質排出移動登録（PRTR：Pollutant Release and Transfer Register）である．オランダ，イギリス，アメリカ，カナダなどでは，1970年代から1990年代はじめにかけて導入されており，日本では1999年に法制化され2001年に施行された．

現在PRTRの対象になる化学物質は，354物質であり，トルエン，キシレン，ジクロロメタンなどがある．これらを製造・利用する企業などは，年間単位で環境中に排出した量，廃棄量（事業所に処分を頼んで持ち込んだ量）を調査して行政機関に届け出ることになっている．

有害化学物質は工場や企業だけでなく，無意識に家庭や農家の農地などでの使用排出，自動車などからも排出されている．行政機関は，国民が請求すれば個々の事業者の排出量も含めて対象となる化学物質の集計結果を開示することになっている．第一回の調査は，2001年に行われ，2002年に公表されており，どの地域がどのような化学物質によって汚染されているのか，またその程度も知ることができる．

対象となる化学物質を扱う企業にとってデータの公表を嫌がるケースもあり，第一回でどれだけのデータが把握されたかはあるが，これからの時代には環境リスクの把握によって，より安全な生活を持続するために必要なことである．企業にとって，データの公表は，化学物質の管理能力やそのあり方，また他社と比較されて不利になるのではと心配する面もあるが，消費者や周辺住民の信頼を得るための基本である．化学物質による被害は，上述のようにすぐには出ないことも多いが，被害が出てからの対応では，遅すぎるのであり，予防的な対策をたてることが，社会的コストを減らすことにつながるのである．

8.7 放射性物質による環境汚染

私たちの生活は，原子力発電や医療用放射線の利用なども含めて放射線に囲まれた生活をしていると言っても過言ではない．原子力をエネルギー源や医療用として使った場合には，それに伴って放射性廃棄物が必ず出てくる．特に原子力発電所から出る核燃料の再処理によって生じるプルトニウム 239 は，原子爆弾の材料であり，半減期（half life：放射能が半分に減るまでの時間）も長く適正処理が世界的な課題である．容易に原子爆弾が製造できることや連鎖反応事故の可能性，再処理の際の環境汚染など多くの問題をかかえており，ヨーロッパ諸国では原発廃止の動きも出ている．

放射性物質はもともと自然界にも存在するが，天然に存在する自然放射能に対して人為的につくられた放射性物質を人工放射能という．人工放射能は自然界にはかつて存在しなかった，全く新しい放射性核種のことである．人工放射能の多くの核種の中には，自然放射能に比べて半減期が著しく長いものや，生物体内に蓄積，濃縮されやすい性質を持つなど危険性を有するものがある．

8.7.1 放射線とは

放射線は，X 線，α（アルファー）線のように波長が短い電磁波放射線と，β（ベーター）線，γ（ガンマー）線，中性子線，宇宙線などの高速粒子に分けられる．各放射線は透過力を持つが種類によって透過力に差がある．

表 8.15 放射性核種の種類と特徴

放射性核種	物理的半減期	生物学的半減期	有効半減期	主な器官
プルトニウム 239	24400 年	200 年	198 年	骨
	24400 年	500 日	500 日	肺
ストロンチウム 90	28 年	50 年	18 年	骨
	28 年	49 年	18 年	全 身
セシウム 137	30 年	70 日	70 日	全 身
ヨウ素 131	8 日	138 日	7.6 日	甲状腺
コバルト 60	5.3 年	9.5 日	9.5 日	全 身
イットリウム 90	64 時間	38 年	64 時間	全 身
	64 時間	49 年	64 時間	骨

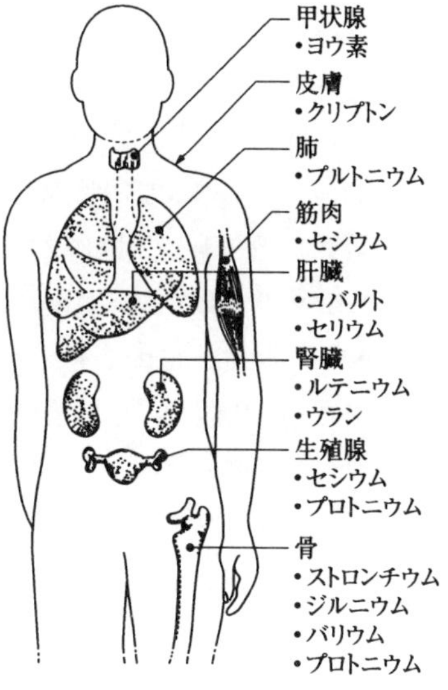

図 8.14 各種放射線の人体に及ぼす蓄積・濃縮部位（高木，1986[15]）より）

放射線は物質を透過するとき，原子から電子を引き離す電離作用を起こす能力を持つが，これが物質や生体に多様な影響を及ぼす原因となる．

放射線を出す能力を持つ物質が放射能（放射性物質）であり，キュリー夫妻はラジウムを発見し，ウランやラジウムのような物質が放射線を出す性質，あるいは能力のことを放射能と名づけた．放射線は物にぶつかったときに，その物質や周辺の物質の性質を変える力を持つ．人工放射能には自然放射能に比べて半減期が極端に長いこと，生物体内への蓄積，濃縮されやすい性質を持つものなどの特徴がある（表 8.15）．人工放射性核種は，生態系内や生物体内で特有な働きをするが，図 8.14 のように核種によって生物の特有の組織や器官に蓄積・濃縮される

(図8.14).

A．生物に対する影響

放射線は核種や線量，エネルギーの大小に関係なくヒトの感覚で認識することはできない．放射線によって起きる人体への傷害は，身体的傷害と遺伝的傷害がある．身体的傷害は，被曝後数週間以内に本人に症状が現れる急性傷害と1年から10年以上の潜伏期間をおいてから症状が現れる晩発性傷害がある．被曝線量には「しきい値」があり一定の値以下の被曝では傷害は発生しないが，被曝線量が大きくなるほど症状は重くなり，このような傷害は非確率的影響と言う．白内障，皮膚紅斑，脱毛，不妊などにはしきい値があり被曝線量が増加すると重症になる．また確率的影響によって起きる傷害には，被曝線量の「しきい値」がなく，傷害発生の確率（発生頻度）が比例的に増加し，発ガン性や遺伝的影響がこれにあたる．

生殖腺は放射線に対して感受性が高く，睾丸は一回に0.1 Sv（シーベルト）の被曝で一次的な不妊となり，2 Sv以上で永久不妊となる．また卵巣は3 Sv以上で不妊の原因となり，遺伝的な影響も大きい．

目の水晶体と骨髄および甲状腺は感受性が高く，水晶体では細胞分裂しないことから障害が蓄積し，1回に2 Svくらいの被曝で混濁が生じる．また，骨髄は0.5～1 Svの被曝で影響が現れ，赤色骨髄の障害は白血病の原因となる．肝臓，腎臓，腸は比較的感受性が低く20 Sv以上を1ヶ月被曝しても障害は現れない．ただし，胃腸などの粘膜は感受性が高く，腸壁の繊毛が傷害を受けて死滅し，嘔吐，下痢の原因となって胃腸障害で死亡することもある．

晩発性傷害は低レベルの被曝によって起き，発ガン，白内障，白血病などがあり被曝線量に比例して傷害は直線的に増加する．どんなに低レベルの被曝でも，ガンになる可能性は増大すると言われており，ガンなどの自然発生の割合を2倍にする線量を**倍加線量**という．

B．放射線の利用

放射線を医療用として利用した診断用X線写真やX線コンピュータ断層撮影（X線CT）などが開発されているし，放射線を利用したガン治療，滅菌などにも利用されている．これら診断用X線による年間の被曝平均線量は，通常，ヒトが自然放射線から被曝する線量（2.4 mSv）より少なくなっている．

産業用には溶接の良否の判定への利用（非破壊検査），放射線の透過，散乱，吸収を利用した厚み計やレベル計，吸収分析計など測定への応用がある．

トレーサーとしての利用も有効であり，物理，化学，生物各分野で放射性トレーサーとして広く利用されている．地震予知のためのラドンの濃度測定，金属や合金中での拡散の測定への利用．化学反応の機構解明，分析への応用，農薬の分布や拡散の調査，さらにサケの回遊調査や昆虫の移動分散の調査にも利用できる．放射性炭素（^{14}C）で標識した二酸化炭素やグルコースなどを用いて植物や動物の各器官への取り込まれ方を調べることもできる．

放射線利用による滅菌法は，密封した包装の外部から滅菌でき，大容量を連続滅菌できる利点があり，熱や薬物による変化がない特徴がある．家畜の飼料のカビ類やサルモネラ菌の発生防止，人工腎臓の完全滅菌などに広く利用されている．ジャガイモ，タマネギの発芽防止やリンゴや魚介類の保存にも利用されているが，食品への照射には未解明な部分があり問題があるとの議論もあり，処理した場合には，表示すべきである．

農業用利用としては放射線照射突然変異を利用した作物の品種改良があり，γ 線照射により突然変異体をつくり，品種改良や新品種の開発への応用がある．例えば，米食アレルギーを起こすアレルゲンタンパク質を半減したコメや多収穫性と耐寒性の長所と倒伏しにくい草丈のコメ品種「アキヒカリ」の開発などがある．また大量に人工増殖した害虫に放射線照射して不妊化した雄をつ

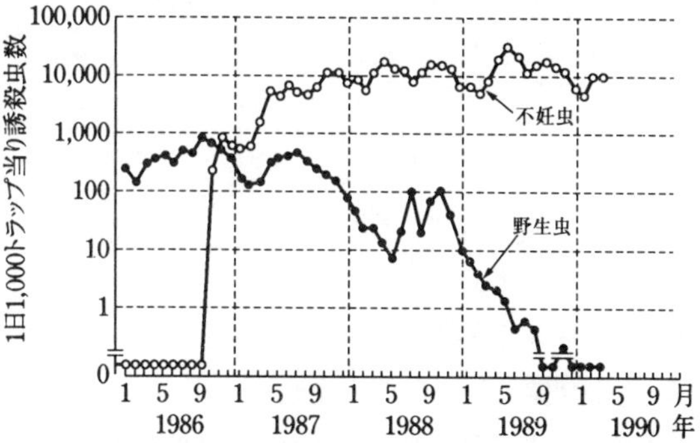

図 8.15　沖縄群島におけるウリミバエ誘殺虫数の推移
（小山，1994[16] より）

くり害虫を根絶させる不妊虫放飼法がある．これは沖縄県でナス科植物や熱帯果物に加害するウリミバエを久米島，沖縄諸島，奄美大島で530億匹も不妊虫を放飼して根絶した画期的方法である（図8.15）．数年間にわたって，放射線照射して不妊化したウリミバエを野外に放し続け，野性虫の繁殖を低下させ，ついには野生のウリミバエが図8.15に示すようにゼロになったのである．これはアメリカフロリダの家畜に産卵し加害するラセンウジバエの不妊化法による根絶の成功例がある以外には成功していない．この方法の利点は生態系への影響が少なく，農薬汚染の影響のないことがあるが，島のような閉鎖空間でないとうまくいかない．

C．ヨウ素と生物

天然に存在するヨウ素は，海で多量に産するが陸上には乏しく，陸上生物は効果的にヨウ素を取り込んで濃縮する性質を持つ．例えば，植物は，大気中から体内に取り込み百万倍にも濃縮する性質があるし，ヒトを含む哺乳動物類は，ヨウ素を必要とする甲状腺に選択的に蓄積する．このような性質は，天然の非放射性ヨウ素に適応した性質であるが，人工の放射性ヨウ素が環境中にあると体内に取り込み濃縮して，体内から被曝（体内被曝）を受けることになる．ソビエトのチェルノブイリ原発事故（1986年）では，大量のヨウ素131が放出されたことから，特に子どもの甲状腺の機能障害やガンが発生している．子どもの甲状腺は，小学生では約4gと大人の5分の1くらいであり，大人と同じ量のヨウ素131を取り込めば5倍の濃度の被曝になる．

半減期の長い放射線核種は広く空気中への拡散による分散，水で薄められたとしてもその放射能が消えるわけではないことから蓄積濃縮される．したがって，環境中への放射性廃棄物の放出は，1回単位での安全性を問題にするのは妥当ではなく，期間とその蓄積量が問題である．これらの汚染物質の主要な発生源は原子炉の燃料の再処理による液体廃棄物であるが，病院や工場の研究室・実験室などから出される廃棄物も注意する必要がある．

D．原子力発電所の問題とこれからの見通し

茨城県東海村のウラン燃料加工施設における1999年9月の臨界事故では，高線量の放射線を浴びた2名が死亡し，その他に227名の被曝者が出た．2名の死者以外の付近にいた作業員が浴びた線量は高濃度ではなく，直接短期間に

被害が出ることはないと診断されたが，当人の不安は線量以上に大きく，精神的な被害の大きいことが挙げられた．臨界事故とは，核分裂反応が連鎖的に続く状態になる境目の状態を臨界というが，原子力事故の国際評価尺度から判断すると，「レベル 4 」に相当し，過去 20 件の臨海事故のランク 3 にはいる事故である．1979 年 3 月のアメリカ・スリーマイル島原発事故では，炉心が半分溶けた状態になり，非常事態宣言が出されて，付近の住民が避難した事故であるが，これが「レベル 5 」であり，旧ソ連・ウクライナのチェルノブイリ原発事故が「レベル 7 」である．軽視できる事故ではないことが伺われる．

また，この東海村の事故では風評被害も含め経済的な被害が出たことが明らかにされ，事故発生施設周辺だけでなく全県下で損害が出ている．周辺観光地のホテルやレストラン・ドライブインでも被害が発生しており，ホテルの予約キャンセルは約 2 万人にもなり 1 億円近い被害が報告された．この事故に対して，事故の被害を小さく見積もるために，「被曝線量を小さく見積もった」などの批判がなされ，また住民に対して被曝した中性子の影響についての継続的健康診断などは全くされていない．国内の事故で死者が出たのははじめてのケースであり，しかも現代医学では対処できない被害を受けて，最高水準の治療にもかかわらず救うことができなかったことは事実である．この事故のときは，原子力発電所の安全性が強調され，事故を起したウラン加工施設が単にずさんで，常識はずれの作業をやっていたことにされた．しかし，2002 年 8 月 29 日に「東京電力の原発事故隠し」として点検記録の改ざんが明らかにされた．その後の原子力安全・保安院（経済産業省）の調査で，点検記録虚偽記載は 29 件にものぼり，1987～1995 年に行われていたことが公表された．1986 年にはチェルノブイリ原発事故があり，原発の怖さが世界的に広がった時期に，日本の原発は安全でソビエトとは別物と盛んに宣伝していたが，安全にかかわる問題が点検で見つかったにもかかわらず，報告・公表せずにごまかしてきた．特に原子炉内の炉心を覆う筒状の隔壁（シュラウドと呼ぶ）のひび割れ，磨耗などの重要なトラブルも報告書に記載していなかった．点検のごまかしはその後，東北電力でも明らかになり，さらに各電力会社に拡大する可能性がある．

その言い訳として「原子炉の安全維持基準が現場の実態に即していないのが

おかしい」のであって自分達はおかしくない「安全性に心配ない」と言っている．勝手に自分に都合がいいように安全性の基準を変えて，見つかったら基準がおかしいと言っているのである．これなら法律違反しても悪い人などいなくなるであろう．これに対して事故隠しのあった原発をかかえる福島県は，「県として今後，国の原子力政策に一切協力できないといわざるを得ない」と怒りをあらわにした．

ところで，原子力発電所の寿命は30〜40年と考えられており，実際に世界で30年以上稼動した原発はない．しかし，東京電力と関西電力・日本原子力発電は，「機器の補修や点検を適切に行えば，60年程度運転を続けても問題ない」と1998年に通産省・資源エネルギー庁に提出している．現在，狭い国土の日本に51基の原発が稼動しており，さらに建設中の原発が5基ある．国土面積が約25倍もあるアメリカでさえも103 基であり，日本がいかに過密状況にあるか想像できよう．さらに前述のように世界で例を見ない長期間の使用を考えており，「点検データのごまかし」まで行っていたことが明らかになった．「安全に対する信頼は完全に失われ」，原発建設に対する国民・住民の理解はますます得難くなっている．

文　　献

1)　有賀祐勝：生態「生物学ハンドブック」，朝倉書店（1987）

2)　安東　毅：輸入米の安全性を考える「コメ問題を学ぶ」，自治体研究社（1994）

3)　小倉正行：「これでわかる輸入食品の話」，合同出版（2000）

4)　宮田秀明：「よくわかるダイオキシン汚染」，合同出版（1998 a）

5)　西岡　一：超高温でも安心できないプラスチックごみ「技術と人間11月号」，技術と人間（1999）

6)　長山淳哉：「しのびよるダイオキシン汚染」，講談社（1994）

7)　青山貞一：「RDFからもダイオキシンが発生する」，Dioxin Bulletin & Review No. 4.（1999）

8)　松田従三：「ヨーロッパ諸国の家畜ふん尿処理」，北海道畜産学会会報　第43巻（2001）

9)　吉田正史著(井口泰泉監修)：「環境ホルモンを正しく知る本」，中経出版（1998）

10)　河内俊英：「内分泌撹乱物質による河川の汚染」，水資源・環境研究13号（2000）

11)　森千里：ヒトの精子への影響「よくわかる環境ホルモン学」, 環境新聞社 (1998)
12)　足立礼子著(池上幸江監修)：「環境ホルモンから身を守る食べ方」, 女子栄養大出版部 (1999)
13)　宮田秀明：「宮田秀明のダイオキシン問題Q＆A」, 合同出版 (1998 b)
14)　大竹千代子：「身近な危険化学物質を知ろう」, 小峰書店 (1999)
15)　高木仁三郎：「チェルノブイリを考える」, 七つ森書館 (1986)
16)　小山重郎：「530 億匹の闘い」, 築地書館 (1994)

第9章

暮らしと環境

9.1 あなたもできる環境にやさしい生活

生活の見直しから環境問題がはじまる．まず簡単なことは電気のスイッチをこまめに切ることである．これが節電と二酸化炭素の削減につながる．

自宅でテレビを見ながらくつろいでいてトイレに行くときにテレビのスイッチを切る人はあまりいないだろう．また風呂に入るときもつけっぱなしが少なくないだろう．もちろん夏ならクーラーもつけっぱなし，冬なら暖房をつけっぱなしということが多いのではないか．これらの消費電力と二酸化炭素の関係をみると表 9.1 のようになる．

表 9.1 照明，テレビ，エアコン暖房の 1 時間の消費電力と二酸化炭素の関係（本間，2000[1] より）

	照　明 (蛍光灯 30 W)	テレビ (28 型)	エアコン (暖房 6 畳用)
電力消費量	30 W/h	167 W/h	791 W/h
電　気　代	約 23 円		
二酸化炭素発生量	約 119 g		

9.1.1 環境に配慮した生活

部屋を5分以上留守にするときは，スイッチを切る，これが節電の第一歩である．本間都氏の報告では関西生協連の組合員がこまめにスイッチを切ることを実践したら，たいていの家庭で5〜10％の節電効果が出たし，多い家庭では30％の成果もあるとしている．最近は遠隔操作のリモコンが増えていることから，リモコン入れをつくって集めておいてまとめて操作するのがコツである．学生の中には住まいのエアコンを学校に行くときつけっぱなしの人がいると聞く「帰宅したときに夏は涼しい，冬は暖かい」，また暗い部屋に帰るのがイヤで，蛍光灯もつけっぱなしにする．など，わずかな快適さのためにこんなことをする．朝8時半に家を出て，夕方5時半に帰宅とすると9時間無人の部屋で電気が使用され続ける．暖房の使用期間は九州北部では11月から3月いっぱいの5ヶ月，冷房は6〜9月いっぱいとして4ヶ月になる．それらをトータルすると表9.1から換算すればわかるように無駄を生じているのであり，節電するだけでも環境への配慮ができるのである．

A．節電と二酸化炭素削減

電気使用量の多い家電製品は，エアコン，電子レンジ，テレビ，ドライヤーなどである．暖房よりも冷房で消費電力が高くなるし，ワット数の高い家電製品はそれだけ消費電力が大きくなりやすい．特に冷蔵庫のように電源を入れっぱなしにするものは消費電力の大小が大きく影響する．たいていの家電製品のカタログには1時間当たりの電気代が書かれているので，買うときはチェックが必要である．省エネタイプとそうでない場合には，買うときの価格以上に買ってからの消費電力で高い買い物になることがある．

次に消費電力量の点からみて設定温度が重要であり，冷房では27℃，暖房は20℃が目安であり，いずれの場合も扇風機などと組み合わせると設定温度の割りには快適温度になる．また炊飯器の保温は電気の消費とともに，栄養と味の消耗になることも知っておくことが重要である．

電気以外で可能なものは代替品を使うなども重要である，例えば，暖房はエアコンよりもガスや灯油と組み合わせた温風機，レンジはガスレンジなどがある，ただ換気の必要性などの面がある．現状で使用されている日本の電力は，火力発電，原子力発電が大部分であり，遠方で発電して送電線で運んでいることから送電時のロスが大きく，約5％が使われずに失われている．詳細は別項でふれるが，発電はエネルギーのロスが大きく，電力に転換できるエネルギーはせいぜい30〜35％である．また，日本の二酸化炭素排出量の中で火力発電の割合が最も大きく，全体の30％を占め，発電量では60％が火力である．

近い将来の動きとしては個別家庭レベルの発電の可能性が出てきており，コジェネシステムとして普及する可能性があるが，別項で述べる．

B．節水は節税

日常生活で使用する水の量は，生活の仕方，地域や供給条件で大きく異なる（表9.2）が，平均1人1日200 ℓ，同居家族数によっても差が出てくる．1〜2人の生活では1人当たり340 ℓ，3人で236 ℓ，6人では203 ℓ と家族の人数が多くなると1人当たりの使用量は減少する．水使用量は大都市間でも大きな違いがあり，札幌と福岡で少なく，大阪が圧倒的に多い．札幌が少ないのは気候条件との関係で夏の使用量が少ないからであるが，対照的な気候の福岡で少ないのは，たびたびの渇水を経験して，節水対策が進んでいて，このような結果になっているのである．また大阪が圧倒的なのは，琵琶湖を水源としていることから水不足の経験がなく浪費が多いと言われる．つまり，どちらもそれなりの文化的生活レベルの差がなくても，使い方でこれほど大きな差が出てくるのである．

具体的な節水方法としては，福岡市などで普及している節水コマの使用や節水型の製品を購入すること．節水コマは蛇口から出る水の勢いが弱くなるように調節する器具で無駄に大量な水消費をおさえるものである．それと節水型の水洗トイレや洗濯機などがあるし，洗濯もできるだけまとめ洗いすると節水になるのである．毎日シャンプーしないと気がすまない人が増えているがこれも水と髪の健康の面から無駄である．スポーツなどで特に汗をかく人意外は毎日や1日2回のシャン

表9.2 一人一日当たりの給水量（ℓ）

	都市用水	家庭用水
札幌	281	179
仙台	346	221
東京23区	384	246
名古屋	365	234
京都	404	259
大阪	506	324
神戸	342	219
広島	348	223
福岡	288	184

プーはまさに無駄であるし環境負荷も大きくなる．

全国各地でダム建設の賛否が問われているが，水道水とダムは密接な関係があり，その建設費用は受益者負担原則から，時には遠くのダムでも関係することが出てくる．福岡市などの場合，流域外からの水道水の取水があるため，はるか彼方で建設されたダムの建設費の負担がきている．水道料金の形で払っていることから，ダム建設費とは気づかない人が多いし，ダムの建設についての賛否を問うことも，説明もほとんどない．ダム建設は川辺川ダム建設（熊本県球磨川流域，2003 年 1 月現在未完成）でもわかるように，計画から完成まで何十年もかかることから，当初の目的と実情のズレが著しく大きい場合が少なくない．近年では農業用水，工業用水，水道水の需要がいずれも頭打ちか減少に転じており，ダムの必要性が低下してきている所が少なくない．しかし，一度計画された公共工事が止ることは少なく，また工事見積もりも計画よりも 2 倍から数倍に膨れ上がることも少なくない．大きなダム建設は建設場所の大規模な自然破壊だけでなく，下流域への影響も大きいことから，情報公開と直接の建設地の住民だけでなく，関係する流域の多くの民意の尊重が必要である．これはダムだけでなく，廃棄物処分場，焼却施設，大規模干拓，空港建設，港湾建設，道路・高速道路，新幹線，下水道工事などの公共工事全般に通じることである．水問題で触れたように，下流で取水している水道水では汚染対策として高度浄水処理が必要になってきており，ダム建設費の負担だけでなく，浄水処理費用負担も高くなる．

C．下水道と節水

下水道料金の負担は，基本的には水道水の使用量に連動していることから，水消費量を節約することは，下水道使用量の節約にもなる．

下水道が河川の水汚染を解決する切り札のように思われているが，実際にはとても経済効率の悪い場所もあることを考慮して，合併浄化槽や農村集落排水施設などとの併用をうまくやっていかないと，「とんでもない金食い虫」で水もキレイにならない場合もある．下水道建設費用を 1 人当たりに換算すると 150 万円， 4 人家族でみると 600 万円以上の税金投入になるのである．これは住宅密度が比較的高い地域中心の費用であり，これからは密度の低い地域の工事が中心になることから，何倍にもこの費用は上がるであろう．ちなみに，現在の下水道普及状況は55％であり，やっと半分を超えたところである．また戸別合併浄化槽の設置では4人家族用の場合でせいぜい100万～200万円以内で水がキレイになるのである．また下水道の処理費用の受益者負担は40％くらいで実際には自治体が残りの60％くらいを税金から持ち出していて，下水道の恩恵のない人も処理費用を負担しているのである．いまだに汲み取り式トイレの家庭や合併浄化槽ではこの維持管理費を満額自己負担し，さらに他人の処理費の60％も負担しているのである．将来的にはそっくり処理費用は個人負担になるであろう．つまり，いま二重に負担している下水道未整備地域の人は，自分の所に下水道ができたころには，100％自己負担になるということである．

D．ゴミから見た環境配慮

まず，図9.1に都市のゴミ組成を比較したものを示す．この図からわかるようにゴミの大半は容器包装ゴミを含む紙類（40～50％）と生ゴミを含む厨芥（30～40％）が占めている．

こうしたゴミを減らすことが環境への配慮の一つである．その点で私たちの身近な容器包装ゴミと生ゴミの処理について考えてみよう．どちらも家庭ゴミの中で40％以上を占めるゴミであり，工夫すれば減らせる部分がある．

a．容器包装ゴミを減らす

一般家庭から出されるゴミ袋の中身を見ると，包装紙，プラスチック容器，トレイ，商品の入っていた箱や袋と包装ゴミが多い．

スチール・アルミ缶，ガラス容器，紙パック（牛乳やジュース類，酒），ペットボトル，その他プラスチックの6品目は容器包装リサイクル法によって回収される資源ゴミとして扱われる．これによって焼却ゴミから紙パック，ペットボトル，その他のプラスチックとして考えられる食品トレイなどを分別すればゴミとして捨てるものは減らすことができる．さらに，紙類では新聞と広告チラシ，包装紙，雑誌，本類，空き箱などがあるが，これらを少し丁寧に分別すれば，ゴミ袋の中は随分減らせるのである．それとあらかじめ包装を断ることからはじめることも大きい．ブックカバーと袋，スーパーのレジ袋も持参するマイバックで解決できる．店によってはレジ袋を断ると代わりにスタンプなどを押してくれ集めると金券をくれるところなどもある．包装を断る，レジ袋

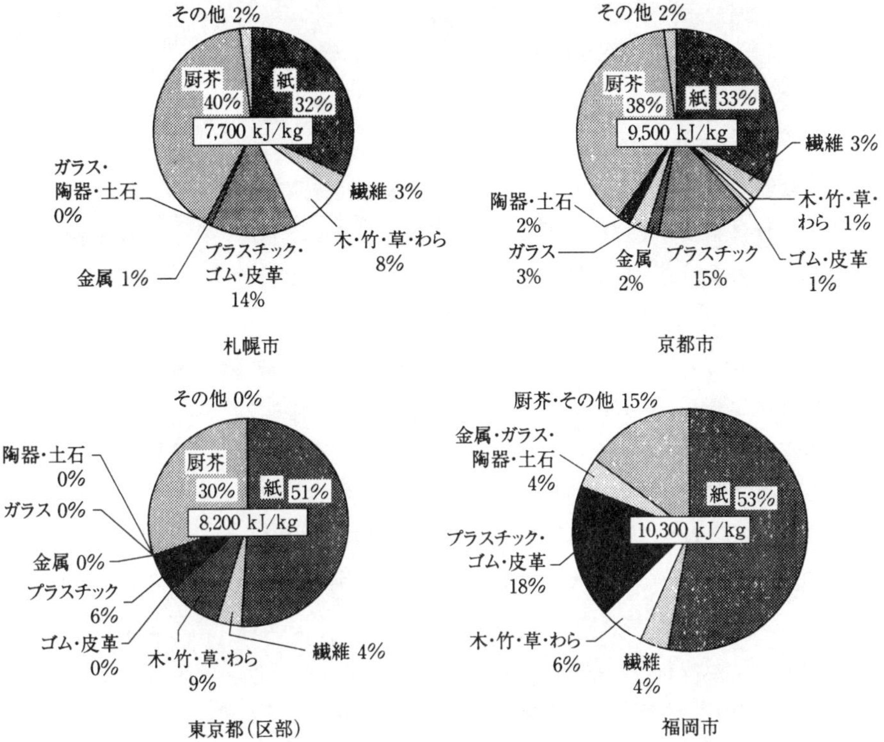

図 9.1　都市のゴミ組成の比較（ただし福岡は乾重量，他は湿重量）
（廃棄物基本データ集 2000 年[2] より抜粋）

を断るのができない人，あるいはもらわないと損と考える人もいるが，勇気を持って過剰包装をなくしていくことが「環境を考える生活」の第一歩になる．

ただリサイクルでは資源回収に協力するだけでは問題は解決せず，これらの資源回収によって商品化される再生商品購入にも努力していかなければ，リサイクルは成り立たないのである．再生紙のトイレットペーパーやテッシュペーパー，再生紙のコピー用紙，再生紙のノートやレポート用紙，再生プラスチックの日用品や学用品などを買うよう心がけることも重要である．ちなみに，本書はこうした点から再生紙を使用している．

商品化されたものが売れないとリサイクルは成り立たない．リサイクルに協力して分別して出す，その前に買う段階で「包装を断るのが一番」であり，包装材を減らす出発点である．最近はデパートなどでも包装の有無を聞くところがあるようだが，欧米では，包装は特別に頼まないとしてくれないところが多く，場合によっては包装紙を買って包んでもらうことになることもある．そういうことも考えていってよいのではないだろうか．

b．生ゴミを減らす

次に減らす項目は生ゴミであるが，まず料理し過ぎないことと，生ゴミの元になる食料品などを買い過ぎないことである．それと賞味期限が過ぎて捨てる食品の量の多いことがあげられる．加工食品は期限が近くなるとセールなどが多くなり，つられて買い過ぎることが捨てることにつながっている．それと，いただきものだが好みにあわない，あるいはそのうち食べると保存していて期限切れになることなどが多い．おみやげ，お歳暮，お中元，お返しなど考えるときには気をつける必要がある．せっかくのプレゼントがゴミを増やすことになる可能性がある時代であり，好みにあわない物は，早く食べてくれる人を探すことも一つの方法である．また「賞味期限にあまりにこだわりすぎる」ことも問題であり，自分の舌と鼻で安全かどうか選別できるようにすることも必要である．「買い物はお腹がいっぱいのときに行こう」という言葉を聞いたたことがある，これも一つの工夫であろう．またコンビニ弁当やホカ弁のたぐいは，ゴミの山であることと，環境ホルモンの問題も含まれることを知っておく必要がある．

食料品が手付かずに捨てられる割合は生ゴミの総量の40％を占める．もちろん多くは売られる前の段階で廃棄されるものであるが，無駄に廃棄される食料の総額は日本全体では年間11兆円と莫大な量であり，国内で生産される食料の総額に匹敵する食料が捨てられているのである．一方で世界中では，飢えに苦しみ，食べられずに餓死する人が多数存在するにもかかわらず，わが国ではお金をかけて食べ物を捨てているのである．このように食料を無駄に生ゴミにするのではなく，有効に利用することはできないのだろうか。

こうした生ゴミや容器包装ゴミを減らすだけでゴミは半減どころか，1/3以下にもなるであろう．そうなると，ゴミ処理費用も大幅に削減でき，その税金を福祉や教育予算にまわせるはずである．ゴミ処理関係も大きな公共施設工事の項目であり，さらにランニングコストはずっと必要であることから，最終処分場への持込みと焼却処理の費用は1トン当たり2万円以上かかる計算になり，ゴミにすることは二重の無駄なのである．

E．ライフスタイルを考える

a．食べ物は身近なものを

農産物も地域の専門化，ブランド化が進んでいるが，そのために連作障害が発生し，大量の農薬を使って土壌消毒や殺虫剤の使用が不可欠になったりしている．また，新鮮さを保つためにコールドチェーンや遠距離輸送なども大量のエネルギーを必要としている．食品の販売業界には，地元の生産品，あるいはせめて生産地域の自然を破壊せずに生産された農産物を扱うことを求めるようにすることも重要である．

b．産直のすすめ

産地の専門化について触れたが，特定の地域に専門的に供給をまかせることは，可能な限り避け，多様な選択肢を確保することが，より安全で無駄のない，汚染も少ない生活の確保につながる．その一つとして農産物の生産者と消費者の提携による産直がある．農産物は通常，病害虫の防除以外に見た目のキレイさのために，つまり「虫食い跡やキズを少なくする」目的で過剰に農薬散布をしている．さもないと市場では虫食いやキズのある作物は，商品価値がないか，せいぜい等級外のものとしてしか扱われない．味や品質から見て問題なくても，これでは生産者にとって継続的な生産はできないことから，農民は農薬散布をせざるを得ない．このような，過剰な農薬を減らすには，農産物には多少の虫食いのキズがあり，形も不揃いであることを前提として受け入れる姿勢が必要である．またもう一つ大きな問題は，市場における過剰なランク付けとそれに応じた価格決定システムである．

このような問題をクリアしてより安全でおいしい農産物を身近な生産者と消費者がタイアップして，中間の市場を通さずに農民から家庭に農産物を届ける方式が産直である．生産者と消費者の信頼関係のもとに，消費者は多少の虫食い跡やキズには目をつむり農産物を受け入れ，場合によっては価格保障もする．一方，生産者は農薬を減らし，有機肥料（organic fertilization）を使って安全でより良い農産物を提供するシステムの広がりを考えていくことが大切であろう．

F．ライフサイクルアセスメント（LCA）を考えた生活

いろいろな材料の寿命の予測を，単に材料の耐久性だけでなく，製品化した場合に，また元の原材料にまで戻す可能性も含めて，材料全体としてどの程度の費用と環境への負荷がかかるかも含めて算定することであり，環境問題と資源の有効利用の観点から LCA（Life Cycle Assessment）の考え方が重要である．

LCA とは，「製品を造る時に，製造—使用—廃棄（再利用）の各段階における投入エネルギー量，材料の使用量，二酸化炭素排出量，環境汚染物質排出量などを分析して環境への影響を総合的に評価する方法である．住宅を例に考えると，断熱性と気密化を高める工事をすると，その段階では二酸化炭素の排出量が増加するが，家に住む段階になると冷暖房需要を削減できる．全体として排出量が削減できることから，省エネハウスの価値が理解できる（知恵蔵，2002 年版より）」．

G．LCA を商品購入の判断材料にする

だれでも恩恵を受けている，照明について蛍光灯と白熱電球の比較で考えてみると次のようになる．

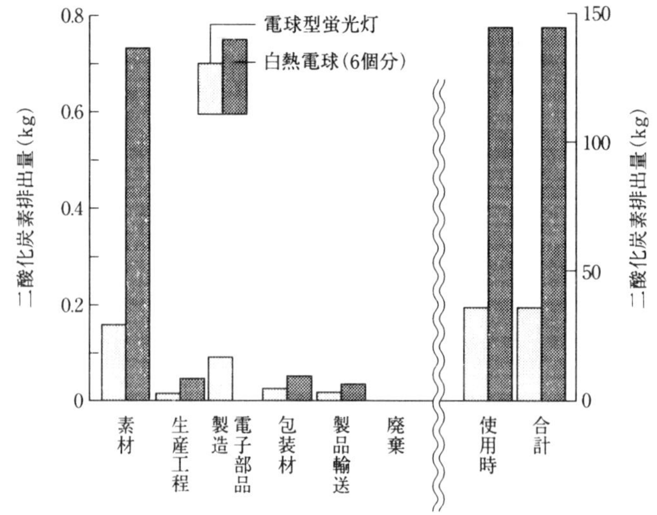

図 9.2　電球型蛍光灯と白熱電球のエネルギー消費量

白熱電球は寿命が1,000時間，電球型蛍光灯は6,000時間とあり，白熱電球6個分の価値となる．材料調達も含めた製造，輸送，使用，廃棄までに使用されるエネルギー量は図9.2のようであり，二酸化炭素排出量に換算してある．エネルギーの99％以上は使用段階で消費されており，この点で見ると蛍光灯の環境負荷は白熱電球の1/4以下である．次に廃棄段階で見ると，環境汚染の点で，蛍光灯は水銀量が白熱電球に比べてはるかに多い（図9.3）．白熱電球には水銀は含まれないが，火力発電所は排煙に水銀を含むことから，電力消費の多い白熱電球はこの段階で蛍光灯よりも若干ながら水銀排出量をプラスすることになる．

このように見ると，どちらが環境に良いのかということになるが，蛍光灯を廃棄する段階での水銀の問題は，回収して適切な処理をすれば解決できる部分ではある．このようにしてこれからの商品選択を考える生活の一つの尺度としてLCAが重要になってくる．企業側も積極的にLCAを公表する時代になってきた．産業界の公害防止，環境保全を進めている公益法人・産業環境管理協会は，各企業に対して製品のLCAに関するデータをすべて公開して，その製品やカタログに「エコリーフ環境ラベル」をつけて登録することを勧めている．

同協会のホームページ（http://www.jemai.or.jp/index-j.asp）に登録された製品を見ることができる．

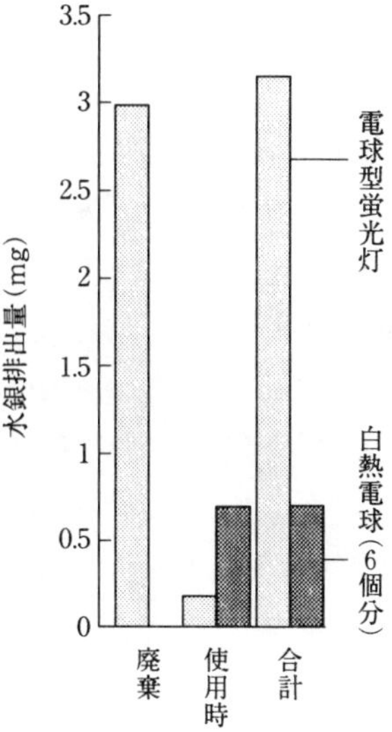

図9.3　水銀排出量

9.2　エネルギー政策を考える

9.2.1　デンマークのエネルギー政策から学ぶこと

飯田（2000）[3]によるとデンマーク政府は，1973年の中東紛争がもとになって発生した石油供給危機と価格高騰から，輸入エネルギー依存の怖さを知り，1976年に総合エネルギー政策とし「Danish Energy Planning, 1976」を公表した．デンマーク政府は，経済成長に伴ってエネルギー需要が増大することを想定して，この時点ではエネルギー源を分散して，産油国への依存を減らすことを目標とした．電力供給については，原発を推進して，石油の輸入削減の方針を明らかにしていたが，政府はこの時点で，50％近いエネルギーの増大を予測していた．

この政府の方針に対して，ニールス・マイヤー氏（Niels. Meyer，デンマーク工科大学・物理学者）を中心に8人の科学者が集まって組織された原子力発電情報組織（OOA：Organisaion for Oplysning om Atomkraft）は，総力をあげて「代替エネルギーシナリオ」の検討を開始した．その中で「原発のないエネルギーシナリオをつくろう」というキャンペーンが始まり，国民の大きな支持を得た．原子力の代替エネルギーとしては，エネルギーの効率化と再生可能エネルギー，天然ガスなども含め多様なエネルギー資源の使用と地域熱供給のコジェネレーションなどの，小規模分散型のエネルギー利用の導入拡大を中心にすえていた．

その後のエネルギーの需要は，1995年で1976年の18％増にとどまりながら，経済成長はGDPで約70％の伸びを示した．

エネルギーの供給をどうするかは，経済面，環境面も含め長期的なビジョンが求められ，広く国民的な議論を尽くすことが重要である．そのためには，代替エネルギーを考え，決めていく場合に，トータルな情報開示と情報提供が必要不可欠であり，一部の専門家だけで決めていくべきではないと，飯田哲也は述べている．

OOAは，原発を推進しないために「原発のないデンマーク」という小冊子を人口約520万人のデンマーク全家庭に向け200万冊も配布して回った．この間に1979年3月にはアメリカスリーマイル島原発事故が起き，1981年にはバルセベック原発事故評価が公表され，デンマーク政府内部で原発への懐疑が起き，1985年には，正式に原子力計画を放棄することが決まった．これはチェルノブイリ原発事故の1年も前のことである．チェルノブイリ原発事故を契機にヨーロッパ諸国では原発の見直し，さらに広く環境問題・エネルギーの見直しが行われたことが知られているが，その1年も前に見直された先進性は評価される．

A．過激なエネルギー政策

デンマーク政府は，1990年に過激なエネルギー政策である「エネルギー2000」を発表し，2005年までに総エネルギー消費量を1988年の水準に対して15％以上削減し，二酸化炭素の排出量を20％削減し，再生可能エネルギーの割合を5％から10％に増やすという目標である．さらに2030年には全エネルギーの30％以上を再生可能エネルギーにするという目標をたてた．目標を発表した当初，「電力・ガス業界，産業界」は大きな衝撃を受け，大反対したが，環境NGOをはじめ，広く市民の支援があって，公式な政策として議会で承認された．この目標達成のための行動計画として次のようなことがあげられた．

①エネルギー消費量の削減，

②エネルギー供給体制の効率化の改善，

③クリーンエネルギーへの切り替え，

④研究開発の奨励

である．この行動計画をもとに1992年3月には各種の省エネルギー政策とバイオマスの利用政策が導入され，同年5月には炭素税が導入された．1994年には，エネルギー省は環境・エネルギー省となり，エネルギー問題を環境問題と結び付けて考えるようになった．

その後「エネルギー2000」はフォローアップされ1996年には「エネルギー21」として新たなエネルギー政策を発表して世界的な評価を受けている．この政策への高い評価は，単に目標を掲げただけでなく，具体的な方法が示され，経済手法，情報提供，炭素税とソフト面でも明確な方向が示されている点にある．

さらに，再生可能エネルギーに対して，電力売買への優遇措置が政策としてとられている．具体的には，再生可能エネルギーとしての風力発電，家畜のし尿や生ゴミなどによるバイオガス燃料による発電や木質バイオマスにコジェネレーションを組み入れる工夫，その他の発電にもコジェネを組み合わせ，熱効率を80〜90％まで高めて二酸化炭素の発生源を抑えている．これからのエネルギー政策の重点は，①エネルギーの効率化，②コジェネレーション，③再生可能エネルギーの三つである．これらの政策によって，エネルギーの自給率は，1972年の2％に対して1998年には102％となり，完全なエネルギーの自給体制を達成し，さらに輸出国になった．

B．エネルギー税

デンマークではエネルギー税があるが，1996年から産業界に対して新たな環境税として暖房用途に高い課税率とし，毎年引き上げることで，断熱性の高い建築物にすることや，地域熱供給への転換をはかるような工夫，またこれ以外にも様々な省エネルギー政策の工夫がなされている．例えば，「省電力トラスト」もその一つで，一般家庭および公共部門の電力使用に対して，1kW/h当たり0.1円が徴収され，その資金で暖房を電気から天然ガスなどを用いた地域熱供給システムに転換していった．さらにこのトラストによって，効率性の高い電気機器の購入補助や新たな省電力政策導入に向けた工夫がなされている．住宅および家電製品に対する省エネルギーを進めるための，エネルギーラベリングもある．家電製品に関しては，エネルギー効率によって，A～Gのランクが付けられデンマークではDランク以下の販売が禁止されている（ちなみにEUではF，Gランクだけが販売禁止である）．さらにAランクに対しては，「省電力トラスト」からの助成金が検討されている．

C．自然エネルギーの拡大

「エネルギー21」の目標は大幅な省エネルギーと自然エネルギーの拡大である．風力発電導入の目標値は，2005年までに150万kWであったが，これは1999年にすでに達成した．これで，デンマークの二酸化炭素削減目標である5,860万トンの1/4が達成されたことになった．さらに2030年までに400万kWの風力発電を建設する目標があり，電力の50％がまかなわれることが計画されており，陸上部分での目標は達成されたことから，これからは洋上に建設する計画である．

バイオマスエネルギーもデンマークでは重要な再生エネルギー源であり，畜産廃棄物（家畜糞尿），ムギワラ，木質廃棄物，食品ゴミ，生ゴミなどの利用が進められている．「エネルギー21」では，2030年には自然エネルギーのおよそ65％，一次エネルギーの20％をバイオマスで賄う計画になっている．現在，自然エネルギーからの電気は，政府からの補助（1kW/h当たり2.5円）

も含めて電力会社が固定価格（1 kW/h 約 9 円）で購入している．

D．グリーン証書

デンマーク政府は，電力買い取りの補助金を削減するために，ペナルティ付きの「グリーン証書」制度を考案した．政府は，毎年その年の「グリーン証書」，つまり自然エネルギーの導入（購入）の目標値を決める．家庭から企業まで，すべての電力を使用する需要者は，その年の目標値に該当する額の「グリーン証書：自然エネルギーで発電した高い電力」を購入しなくてはならない．これによって，自然エネルギー発電事業者は，電力を電力会社（送電線の所有者）に必ず買ってもらえる（買い取り義務）とともに，「グリーン証書」というもう一つの財を市場に売ることが可能になった．詳細は飯田（2000）「北欧のエネルギーデモクラシー」を参照のこと．この制度は自然エネルギー普及に効果的とされ欧州各国へ広がろうとしている．

9.2.2 日本のエネルギーを考える

A．日本のエネルギー政策

日本のエネルギー政策の問題点として次の 3 つが上げられている．第一に上げられるのは，エネルギー政策の決定は，密室で行われていることである．政策は，通産大臣の諮問機関（総合エネルギー調査会）が作成する「長期エネルギー需給見通し」によって決まる．この諮問機関は，他の審議会と同様に業界代表，官僚 OB，政府の考えに近い「有識者」で占められている．具体的には石油連盟会長，日本鉄鋼連盟会長，電気事業連盟会長などエネルギー業界，エネルギー消費産業界の代表らが占めている．ここで基本的に決まり，国会審議や国民からの意見聴取などは全く経ないで決定されることである．この点を早急に改善し，情報を提供して，エネルギー政策に多様な意見，立場の人が対等に，共通の場で議論して政策決定すべきである．

第二には，「需給見通し」は他の公共事業と同様に過大な見積もりがなされ，エネルギーの大量確保と大量供給が全面に出されてくる．そのためには，原発を増設する必要がある，との見解が示される．資源・環境問題への考慮は二の次となり，地球温暖化問題として，エネルギー消費，二酸化炭素の削減のための政策は含まれていない．

B．長期的エネルギーの見通し

長期エネルギー見通しでは，原子力が占める一次エネルギー総供給に対する割合は，1998年度で13.7％，2010年が17.4％と増加見通しを示している．発電量で見ると，原子力は，1996年で発電電力量の約35％の3,021億kW/h，2010年には45％の4,800億kW/hであり，原発を13基（20基という計画もあった）くらい増やす計画になっている．

一方で欧米諸国は，フランスが4基増設中であるが，それ以外は現状維持か原発廃止の方向が出されているのに対して，日本が13基も増設というのは，異常であろう．また世界の趨勢が，プルトニウムを利用する高速増殖炉から撤退する中で，日本だけが固執することに対して，国際的にはプルトニウムを使って核兵器を開発するのではないかと，疑惑の目が注がれている．

これからのエネルギー利用においては，エネルギーの利用効率を如何に高めるかという視点が不可欠である．これまで無駄に捨てられてきた，温排水を利用するコジェネシステムを組み込む必要がある．またピーク電力を平準化するピークカットも馬鹿にできない効果を持つ．

第三に問題なのは，環境への配慮の欠落が上げられる．温室効果ガス削減目標が決められた，第三回国連気候変動枠組み条約締結国会議（COP 3，京都，1997）では，日本は2008年に1990年比で6％削減を公約した．しかし，日本政府の作成した削減目標の内訳は，森林による吸収が3.7％，海外との排出量取引が1.8％であり，肝心のエネルギー消費の抑制による削減はゼロであり，削減のために原発の大幅増設が必要としている．そのために，オランダのハーグで開催された2000年11月のCOP 6では，アメリカとともに交渉決裂の責任が問われ，2001年においても，アメリカの説得を口実に締結を先延ばしして，非難を浴びている．

原発依存を止め，自然エネルギーを推進し，「緑のエアコン」効果つまり，都市部での屋上緑化も含め植樹による冷暖房需要の削減を具体化する．炭素税，環境税などの収入によって，自然エネルギーへの補助金を増やし，風力発電やバイオマス利用，太陽光発電を増やす必要がある．

C．クリーンエネルギー

新エネルギーは，表9.3のように示されている．再生可能エネルギーとして風力発電や太陽光発電，水力，海洋の潮汐や波力，地熱などがあり，リサイクル型エネルギーとして有機性廃棄物，廃棄物発電，工場の廃熱利用などがある．さらにコジェネレーション，燃料電池を含めてクリーンエネルギーとも呼ばれる．新エネルギーは，普遍的に存在する地域的なエネルギーが中心であり，エネルギーの大部分を輸入に頼っているわが国にとって，期待できるものである．新エネルギーの大部分は，再生可能で無尽蔵に存在するエネルギーであることが，強みである．太陽エネルギーや風力エネルギーは，地球温暖化をもたらす二酸化炭素を排出しないクリーンなエネルギーであることと，地域分散型で，需要地と近接した場所にエネルギー源を持つことから，輸送中の損失が少ないというメリットがある．ただこれまで，コストや技術面でエネルギー化されていなかったものである．化石燃料価格が安い現状では，エネルギー供給が割高であること，また自然条件に左右されて供給が不安定であるものが多いなどの問題があり，導入のネックになっている．

表 9.3　供給サイドの新エネルギー
（総合資源エネルギー調査会，今後の新エネルギー対策のあり方についてより）

	1999 年度実績		2010 年度見通し／目標				1999 年度：2010 年度比較
			現行対策維持ケース		目標ケース		
	原油換算（万 kℓ）	設備容量（万 kW）	原油換算（万 kℓ）	設備容量（万 kW）	原油換算（万 kℓ）	設備容量（万 kW）	
発電分野							
太陽光発電	5.3	20.9	62	254	118	482	約 23 倍
風力発電	3.5	8.3	32	78	134	300	約 38 倍
廃棄物発電	115	90	208	175	552	417	約 5 倍
バイオマス発電	5.4	8.0	13	16	34	33	約 6 倍
熱利用分野							
太陽熱利用	98	—	72	—	439	—	約 4 倍
未利用エネルギー（雪氷冷熱を含む）	4.1	—	9.3	—	58	—	約 14 倍
廃棄物熱利用	4.4	—	4.4	—	14	—	約 3 倍
バイオマス熱利用	—	—	—	—	67	—	—
黒液・廃財等	457	—	479	—	494	—	約 1.1 倍
新エネルギー供給合計（一次エネルギー供給／構成比）	693（1.2 %）	—	878（1.4 %）	—	1,910（3 %程度）		約 3 倍
一次エネルギー総供給	約 5.9 億		約 6.2 億		約 6.0 億		

そのために，一次エネルギー総供給量に占める新エネルギーの割合は（中小の水力や地熱を除く），1980年以降1.1％前後（原油換算で600万～700万kℓ）と伸び悩んでいる．今後の導入目標をみると，追加的支援措置なしの場合，2010年には940万kℓにとどまると予想されている．そこで，様々な対策を追加して，2010年までに一次エネルギーの総供給量の3.1％，1,910万kℓを目標として決めた．この目標を達成するには，各分野の努力が求められる．

D．太陽光発電

太陽光発電は，1990年度で9,000kWであったものが，1996年には5.7万kWとなったが，2010年には種々追加措置によって500万kWを見込んでいる．風力発電は，3,000kWから1996年には1.4万kW，さらに2010年には30万kWとなっている．また廃棄物焼却発電は，1990年には48万kWであったものが1996年には89万kW，これが2010年には500万kWを見込んでいる．

太陽光発電は，発電段階での廃棄物が出ないクリーンなエネルギーであることと，地球に注がれる莫大なエネルギー量（1時間で世界中の1年間の消費エネルギーに匹敵）から，期待されている．また発電効率が，規模と無関係であることから，個別の小規模なシステムとして個人住宅で利用できる特長がある．これまで，米国と日本での導入が進んでおり，日本が生産の1/3を占めている．発電コストが通常発電の2倍以上，さらに設備投資コストが1kW当たり100万円と高いが，日本では2010年には1995年比で17倍になるよう計画されている．ただ，個人住宅用の助成が2001年で打ち切られることが発表され，順調だった設置の伸びに逆風になる可能性がある．

E．風力発電

風は日本中どこでも吹きその風で風車を回して発電機を回転させて発電するものである．風車はプロペラ型でたいていが3枚の羽根（ロータと呼ぶ）が回転するタイプであり，羽根の材料はガラス強化繊維プラスチックが使われている．当然風条件が良いところほど発電効率が高くなるが，台風のような強すぎる風のときは，破損を防ぐためにスットップする．

コストダウンのために大型化してきており，1基で1,000kW以上の風車も増えている．NEDO（新エネルギー・産業技術総合開発機構）の試算では，総出力が3,000 kW以上ある風力発電では，設置コストが1 kW当たりで20～23万円（1999年度）と出ている．ただ日本では風車の設置できる場所が山間部など条件の悪いところが多く，設置コストアップになることから，デンマークで進んでいる海岸線がクローズアップされている．海岸は風向が安定しているケースが多く風車にとって本来良い場所と言われている．

日本は風力発電の先進国であるデンマーク同様に風の国といわれるが，風の強弱の変動が大きいことが課題である．そもそもこれは風車の最大の課題であるが，風まかせで「風によって発電量の変動が大きいと安定した電力が供給できない」ことになり，「電力の質が悪い」と言われ高く電気を買ってもらえなくなるのである．最近は，発電した電気の一部を大型の蓄電池に蓄えて出力を調整する技術も出てきており，風力発電も期待されている．

F．コジェネレーション

発電のエネルギー効率は通常高くても30％台であるが，コジェネレーション（コジェネ）は一つのエネルギーから2種類の「電気と熱」を利用することから効率が70％以上にアップする．重油や天然ガスを使った発電に排熱利用システムを付けた熱電併給システムはコジェネの一つである．都市ガスや灯油を燃料に使った原動機で発電機を動かして発電し，発生した高温排ガスを利用してボイラーで温水や蒸気をつくり，冷暖房に利用するのが基本的なタイプである（図9.4）．現在ジーゼルエンジンを使ったタイプが民間のホテルや旅館，ビルさらに工場で広く使われている．特に最近注目されているのは，クリーン度が高い，天然ガスを使ったコジェネで，NEDOの調査によると設置コストは5,000 kWのガスタービン・タイプで1 kW当たり9万円，500 kWのガスエンジン・タイプで1 kW当たり30万円と算出されている．経済性が高いことからスーパーやホテルでの導入が増えていると言われる．

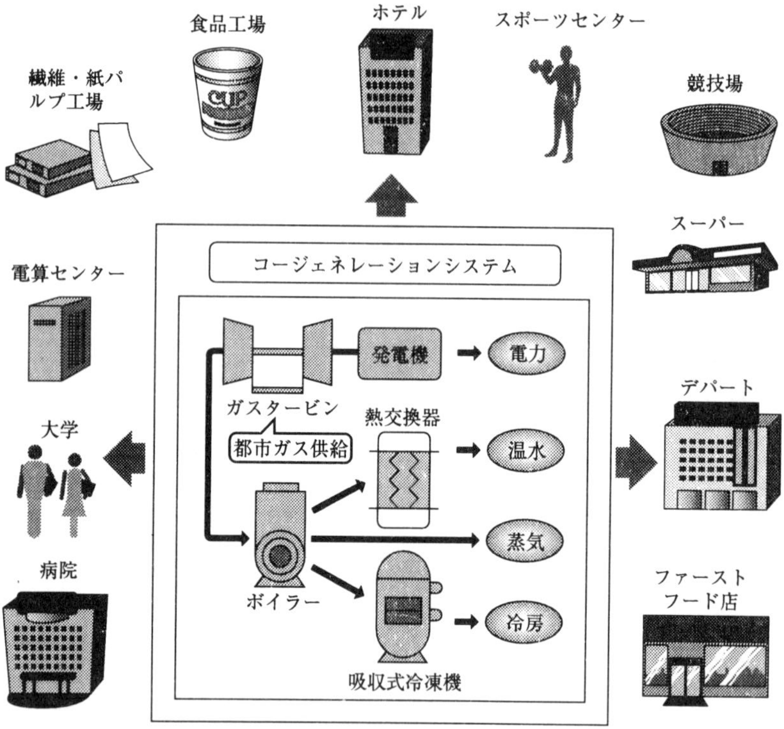

図9.4　コジュネレーションシステムの仕組み（武末，2002[4]より）

G．原子力発電

わが国は，原子力発電が電力の安定供給や環境保全に優れている（？）として，引き続き積極的に導入を図るとして，2010年までに10～13基（16～20基を下方修正）の増設を計画している．しかし，2001年に入り新潟県刈羽村の住民投票で反対が過半数を越えた．また町の活性化のために原発を誘致しようとした，三重県の海山町の住民投票でも原発受け入れに対する反対が過半数を超えており，原発に対する逆風の時代に入った感がある．逆風に関して言えば，第8章で触れた「点検記録の改ざん問題」も新たに出てきており，国民の信頼は失墜してしまっている．このような状況にもかかわらず，国の政策は，相変わらず原発中心のエネルギー政策であり，原発のために多額の税金の投入を行っており，これは発電コストに入れてないのである．

原子力発電は一番安いということが常に出てくる，総合エネルギー庁原子力部会では，水力 13.6 円，石油火力 10.2 円，石炭火力 6.5 円，LNG 火力 6.4 円，原子力 5.9 円としている．これは原発の耐用年数を従来の 16 年から 40 年に延ばし，その間のメンテナンスや修繕費は適正にコストに計上せず，「根拠となる数値を公表せずに，安いとしているだけである」（中村，2001）と常に問題にされるものである．コスト計算で特に問題なのは，「使用済み核燃料の再処理，高速増殖炉，原子炉の解体，放射性廃棄物の処分などの」発電後の後始末部分が技術的に確立されないまま，コスト計算ができなくて「安く，クリーンな電力」として通用させていることである．一方で表 9.4 のような発電コストの計算も出されており，原発が最も安い発電というのは公平な評価ではないようである．

デンマークの例で示したように，世界の電力供給は，二酸化炭素の削減を視

表 9.4　電源別発電単価の試算（中村，2001[5]より）

水力	8.07～12.79 円/kWh	平均 9.41 円/kWh	①
	（うち，廃棄物処理費	0 円/kWh(平均)）	
	財政資金（電源開発促進対策特別会計）	0.21 円/kWh(平均)	②
	よって，水力の単価は平均 9.62 円/kWh（①+②）		
火力	8.59～10.10 円/kWh	平均 9.28 円/kWh	①
	（うち，廃棄物処理費	0.10 円/kWh(平均)）	
	財政資金（電源開発促進対策特別会計）	0.03 円/kWh(平均)	②
	よって，火力の単価は平均 9.31 円/kWh（①+②）		
原子力	6.78～10.33 円/kWh	平均 8.71 円/kWh	①
	（うち，		
	使用済核燃料再処理費	0.55 円/kWh(平均)	
	廃棄物処理費用（高レベル放射性廃棄物を含まない）	0.13 円/kWh(平均)	
	原子炉解体費（解体廃棄物処理費を含まない）	0.33 円/kWh(平均)）	
	財政資金（一般会計，電源開発促進対策特別会計）	1.46 円/kWh(平均)	②
	解体廃棄物処理費用	0.02～0.08 円/kWh	③
	高レベル放射性廃棄物処理費用	0.07～0.30 円/kWh	④
	原子力発電のコスト（①+②+③+④）平均 10.26～10.55 円/kWh		

野に入れて，再生エネルギーをいかに多くしていくかにある．またピーク需要を基にして，設備投資の必要が言われ，さらに設備投資して発電施設をつくらないと，停電が起きると脅かされるが，日本ではほとんど8月上旬にピーク使用量が来ている（図9.5）．8月でも土日やお盆休みをはさんで，大幅に使用量は低下していることから，欧米並みに夏休みを長期化すれば，ピークは低下して過大な設備は不要になると言われている．また水力発電や火力発電の稼動率は40％台と低くおさえられており，設備が不足しているわけではない．ドイツでは，大口消費者である工場や病院，公共施設に対して，ピーク使用電力となる時間帯（午前10半から正午近く）に一時的に電源を切る契約を結ぶと電力料金を安くするというユニークな取り決めによって，ピーク電力を低くおさえることにより電気代を節約することが常識になっている．上記大口消費者は自家発電装置を持っており，一時的に電源を切られても停電にはならないのである．またコジェネによる電力の自給が広がっており，過大な発電装置の新たな増設はいまや不要になってきている．

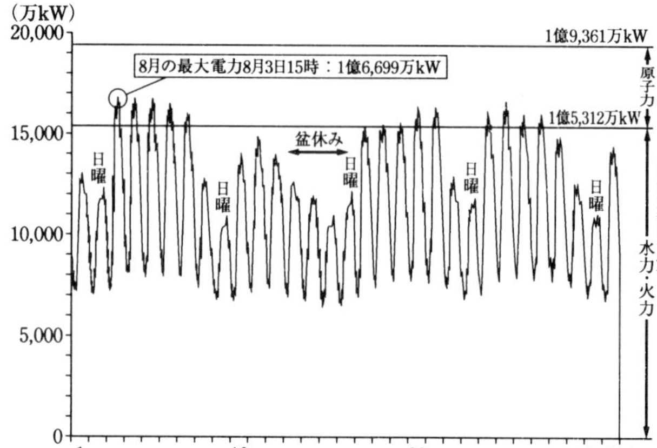

図9.5 8月（1998）の電力需要
（原子力資料情報室編，原子力市民年鑑，中村，2001[5]より）

9.3　福祉のまちとエコシテイ

9.3.1　福祉と環境に配慮したまちづくり

福祉のまちづくりは，アメリカで1961年に「身体にハンデキャップを持った人がたやすくアクセスできる建物と設備に関する米国基準」を大統領諮問委員会が答申した．このモデルを基にイギリス，ドイツ，フランス，ベルギー，オランダ，オーストリアなど現在EUに加盟している主要国を中心に同様な基準をつくった．この基準に沿って官公庁，美術館，駅など広範囲に法的拘束力を行使した施設になっている．必ずエレベーターが付けられ，段差に配慮がされている．

日本でも1990年代に入ってようやく障害を持つ人に対する配慮が出てきて，自治体レベルでは大阪府の「福祉のまちづくり条例（1993)」を皮切りに，各地で「福祉のまちづくり」指針，要綱，条例制定が活発になった．厚生省と建設省が1996年に「福祉のまちづくり計画策定の手引き」を作成してから，ようやくほぼ全都道府県に条例が制定された．ただ残念ながら内容的には1970年代の欧米の水準に，まだ達していない．つまり30年も遅れた代物である，とも言えるし，ようやく障害者や高齢化社会に向けたまちづくりがスタートしたとも言えよう，今後少しでも良い方向に向かって欲しいものである．

A．環境配慮と福祉のまちの共通性

ドイツでは排気ガスや交通渋滞問題を考慮して，郊外に大きな駐車場（パーク・アンド・ライド）をつくり，街中には公共交通機関のバスや電車を利用して通勤，通学，買い物に行く．そのためにこれらの公共交通機関は，社会的弱者である高齢者や車イスの障害者，小さな子ども連れのおかあさんが利用することを考慮した構造のバスや電車，つまりドアを広くし，ステップを低くして車イスや乳母車が楽に乗り降りできる低床のバスや電車などの交通機関，これは高齢者にとっても楽である（図9.6)．

さらに「環境定期券」を発行して公共の乗り物を優先して走らせ，安価で早く目的地に着くように優先レーンをつくるなどして，駐車場探しの心配もない街を計画的につくることがこれからのまちづくりには必要である．街中の遠い駐車場から歩いて移動するとなれば，おのずと外出から遠ざかる老人や障害者に対しても外出を保障するとともに，排気ガスの削減も実現できる．福祉と環境の両面でメリットのある施策である．東京都内や神奈川県内で一部実施の試みはあるが，もっと広がる価値があると思われる．

街の中心部への自家用車の乗り入れを規制し，自転車をもっと活用することも，ヨーロッパ諸国で実施されている環境に配慮した施策である．自転車は健康にも環境にも良く，それなりのスピードにより行動範囲も保障するし，駐輪スペースも小さくて済む良さがある．そのためには，交通ルール，道路，駐輪場などの整備が求められるが，その価値は十分にあると思われる．

図 9.6 車椅子や乳母車に配慮したドイツの低床電車（河内，2002年）

B．障害者に配慮した商店街

最近日本でも出てきているタウンモビリティの動きは，街が障害者や高齢者にやさしくできていないことから「誰にでもやさしいまちづくり」として注目されている．これは，前述の弱者に配慮したバスを街中に走らせ，乗り降りの場所も限定せずに循環して走るもので，大型郊外店の進出で車なしにはショッピングもできない時代に対して，「弱者とこれまでの街中の商店街を配慮したまちづくり」であり，高齢者や障害者に意欲と元気を与え，寝たきりにしないことにもつながるであろう．

タウンモビリティは，ショッピング街をバリアフリー化して電動スクーターを貸し出して移動を助け「足」を提供する取り組みである．イギリスではショップモビリティとして普及しており，これを日本ではタウンモビリティと呼んでいる．その例として広島市の「楽々園地区」では，高齢者が安心して街に出られるように住民が中心になり町内会や商店街の協力によって，1999年にタウンモビリティを導入した．その運営は住民グループが行っている．

ところで日本の街中を通ると歩道に物が置かれ，商品がはみだし，自販機が置かれて，とても狭くなっていて車椅子が安心して通れる状況にない，このようなところは，先進国の歩道にはまず見られないように思う．また通りによっては，歩道が狭くさらにデコボコで歩く人でも気をつけないとつまずくような道路，まして車椅子がとても通れないようなところが少なくない，近い将来の高齢化に対して，外に出歩くなと言っているに等しい．大きな公共工事ばかりに予算をつぎ込むのではなく，身近な街の歩道などの整備が是非ともこれからの社会のニーズとして必要であろう．

C．高齢者住宅

デンマークでは，二階建ての集合住宅でも，高齢者向け住宅ではエレベータが設置されており，車椅子の人でも自由に生活できるように設計されている(図 9.7)．また，一人で買い物に行けない人のためには，注文を聞いてまとめて買い物をしてくれるボランティアの確保や，一緒に付き添って買い物を手伝うボランティアのシステムがつくられている．

一人住まいの高齢者集合住宅には，独立した子どもや親戚が訪ねてきたときのために，共同利用のゲストルームが準備されていて，訪ねてきたがゆっくり泊ってもらえないなどの心配はないし，費用もたいしてかからないように配慮されている．また高齢者の一人住まいはごく当たり前で日本のように同居ということはまずない．老人は，「若い人には若い人の生活があるように，私には，私の生活がある，私の友達が来て自由にコ

図 9.7 エレベータが設置された高齢者用二階建て集合住宅 (河内, 2002 年)

ーヒーを楽しみたいときに，人と同居していては不便で困るでしょう」という発想をしている．一人暮らしでも「寂しさ」を乗り越えて「楽しさ」をみつけて生きていく，一人で生きていくだけの経済的保障も背景にあるのである．

また，足が弱り自分の家で階段の昇り降りが危なくなった人のためには，個別に階段の昇降のためのトレーニングメニューを個人の家に出向いてつくってくれ，リハビリのチェックを定期的にしてくれる作業療法士が各町にいる．各家庭の階段は，それぞれ段差が異なり，異なる場所で昇り降りの訓練をしても役に立たないという発想で，個別家庭に出向いて訓練するのだと聞いた．このようなきめ細かい対応によって，一人暮らしを可能にするという考え方に高齢者の一人暮らし社会の定着を感じる．

国民性もあるであろうが，デンマークでは「ゆりかごから墓場まで」の教育プログラムが多面的に準備されており，多くの老人が文学，哲学，語学，コンピュータ，さらに，趣味や生活に密着したテーマで学んでいる．参加者の個人負担はごくわずかで，残りは国と市町村負担でカバーしている．デンマークでは520万人の人口に対して250万人が何らかの形で教育活動に参加しているというが，これは一方的に受講するだけでなく，能力や技能を持った人が，他人にその知識や技能を伝える役割もするということである．また成人教育の受講者数は年間約100万人以上と言われている．ちなみに教育活動に使われる公共予算は，GDP（国民総生産）の6％，公共支出総額の12％にも相当している．老いも若きも，キャリアを伸ばすため，あるいは自分の教養を高めるため，自分の趣味を伸ばすため，また教育活動を通じて新しい人間関係を築くために教育を受け，長い冬の夜を勉強に打ち込み，「自分から選んだ勉強をしている」と聞いた．あるおばあさんは，73歳で高校生になり，大学で学ぶための資格を得たという．中学しか卒業していないことから，科目選択可能な高等教育準備コースに入り，大学進学資格を取得し，さらにその後，大学に進学して見事卒業を果たしているそうである．日本の大学のように簡単には単位をくれない厳しい国立コペンハーゲン大学を卒業したのである．

D．楽しいまち並みと建物

ヨーロッパの先進国では，数百年を経た建物が，内装工事はし直すが構造体は残すやり方で古い建物が保存して使われていることが多い．スクラップ・アンド・ビルドを繰り返すのが当然とする日本では（図 9.8 参照），産業廃棄物の中に建築廃棄物が著しく多くなる．このような違いは，住宅の量的確保が優先され，長期間使用する前提で建築物を設計・施工してこなかったことが背景にあると言われている．その結果，都市部はどこに行っても同じような，個性のないビル街になり，規模の違いだけでほとんど同じようになっている．したがって，旅をしてもそれぞれの街の個性を楽しむことはほとんどできない．少し古くなるとみすぼらしくなり，歴史を感じる古さなどほとんど見られないのが日本の街である．

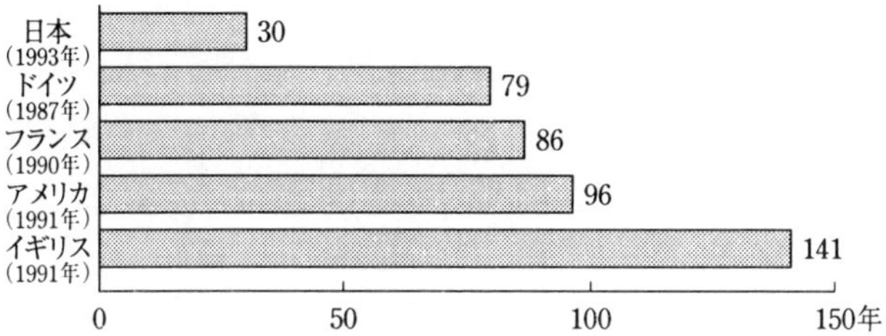

注：日本は1993年，ドイツは1987年，フランスは1990年，アメリカ，イギリスは1991年のデータに基づく。

図 9.8　住宅ストックの更新周期の国際比較
（総務庁，平成 5 年住宅統計調査，国際連合欧州経済委員会，
Annual Bulletin and Building Europe, 1996）
（植田・喜多川，2001[6] より）

そのような中で，日本でも遅ればせながら，「自然も人も古き良きものが共生する都市をつくるべきだ」とする共生の思想が生まれてきている．「町並み保存条例の制定」も含め，調和のとれたまちづくりに力を入れ，建築廃材の再利用，有効利用を義務化して廃棄物を減らすべきである．一部では，日本でも古い民家や農家などを解体して移築した家や，部材を再利用する建築もでてきてはいるが，コストが高く，一般的ではないようである．一部のマニア的なものではなく，もっと収集，保存，流通システムを整備して有効に安価に使えるシステムの整備が望まれる．

E．建材の再利用

その先駆け的活動として，金持ち国・アメリカのサンフランシスコ市に建材再利用センターがあり，「環境保護の視点から，修理して使うという考え方を

基礎に置いて」ビジネス的に活動が展開されている．具体的には，古い建物の改築・解体の際にドアや出窓などをはずし，センターに持ち込むと無料で引き取ってくれ，廃棄物処分場に持ち込む量を軽減できる．一方でアンティークなドアや窓は安価で引き取りたい人に買われていく．古いホテルや家屋を修理しようとすると，当時のデザインや規格にあった部材が欲しくても入手が難しく，欲しい人にも重宝がられている．この背景には，元々「開拓時代からの生活スタイル」として，自前で家づくりをする，伝統的に再利用する気風があったことが上げられよう．

日本の建設廃棄物の排出量は，産業廃棄物の2割を占め，最終処分場への搬入でも多様な複合素材からなる廃棄物の混入でトラブルが続発している．トラブルの原因の一つとしては，短期間に低コストで建物をまとめて解体する「ミンチ解体」が多く，下請けの解体業者が十分な費用を受け取れないことから，解体物を分別して捨てるなどできず，不法投棄にもつながっている．ようやくミンチ解体が禁止されたが，その実行性と効果がどこまで上がるか未知数である．産廃受け入れの最終処分場との連携や不法投棄の徹底した取り締まりなしに，規則だけできても効果は上がらないことはこれまでのことで明らかである．前述のサンフランシスコで行われているような，廃棄建材のリサイクル，リユースする市場が機能するような，経済的手法も含めたバックアップシステムがうまくできれば，資源の有効利用と最終処分場問題，不法投棄ともに減らすことができる．

文献

1) 本間 都：「だれでもできる環境家計簿」，藤原書房（2000）
2) 廃棄物情報研究会編者：「廃棄物基本データ集2000」，日本環境衛生センター（2001）
3) 飯田哲也：「北欧のエネルギーデモクラシー」，新評論（2000）
4) 武末高裕：「環境リサイクル技術のしくみ」，日本実業出版（2002）
5) 中村太和：「自然エネルギー戦略」，自治体研究者（2001）
6) 植田和弘・喜多川進監修：「循環型社会ハンドブック 日本の現状と課題」，有斐閣（2001）

さくいん

―著者紹介―

河内俊英（かわうち　しゅんえい）

1969 年　宇都宮大学農学部農学科卒業
現　在　久留米大学比較文化研究所特別研究員
　　　　久留米大学非常勤講師
　　　　農学博士
専　攻　昆虫生態学・環境生態学
主　著　『集団生物学入門』（共著），共立出版（1986）
　　　　『動物の生態と環境』（共著），共立出版（1996）
　　　　『環境先進国と日本』，自治体研究社（1998）
　　　　『子どもをめぐる現在』（分担執筆），九州大学出版会（2000）
　　　　『共に生きるための医療』（分担執筆），九州大学出版会（2002）

これだけは知ってほしい

生き物の科学と環境の科学

2003 年 3 月 25 日　初版 1 刷発行
2013 年 3 月 15 日　初版10刷発行

著　者　河内　俊英　© 2003

発　行　**共立出版株式会社**／南條光章
東京都文京区小日向 4 丁目 6 番 19 号
電話 東京(03)3947-2511 番（代表）
郵便番号 112-8700
振替口座 00110-2-57035 番
URL　http://www.kyoritsu-pub.co.jp/

印　刷　星野精版
製　本　ブロケード

NSPA 自然科学書協会
一般社団法人
自然科学書協会
会員

検印廃止
NDC 468, 481.7

ISBN 978-4-320-05599-5

Printed in Japan